Zu diesem Buch

Das Buch soll ein praxisnaher Leitfaden für die Erhebung und Auswertung sozialwissenschaftlicher Umfragedaten sein. Am Beispiel des ALLBUS, eines etablierten und weit verbreiteten Forschungsprogramms der empirischen Sozialforschung sowie seiner der wissenschaftlichen Öffentlichkeit zugänglichen Daten und Forschungsergebnisse, werden Möglichkeiten und Probleme der empirischen Umfrageforschung vorgestellt und diskutiert.
Allerdings geht das Buch in seinem Anspruch weit über den ALLBUS hinaus – nicht der ALLBUS ist das Thema des Buches, sondern die Umfrageforschung.

Das Buch wendet sich in erster Linie an StudentInnen, an jüngere und solche SozialforscherInnen, die mit Verfahren, Methoden und Problemen der Umfrageforschung nur wenig oder überhaupt nicht vertraut sind.

AF151662

Studienskripten zur Soziologie

Herausgeber:
Prof. Dr. Heinz Sahner,
begründet von Prof. Dr. Erwin K. Scheuch

Teubner Studienskripten zur Soziologie sind als in sich ab-
geschlossene Bausteine für das Grund- und Hauptstudium
konzipiert. Sie umfassen sowohl Bände zu den Methoden
der empirischen Sozialforschung, Darstellung der Grundlagen der Soziologie, als auch Arbeiten zu sogenannten
Bindestrich-Soziologien, in denen verschiedene theoretische Ansätze, die Entwicklung eines Themas und wichtige
empirische Studien und Ergebnisse dargestellt und diskutiert werden. Diese Studienskripten sind in erster Linie für
Anfangssemester gedacht, sollen aber auch dem Examens-
kandidaten und dem Praktiker eine rasch zugängliche Infor-
mationsquelle sein.

Praxis der Umfrageforschung

Von Rolf Porst
Leiter der Feldabteilung am Zentrum
für Umfragen, Methoden und Analysen
(ZUMA) in Mannheim

2., überarbeitete Auflage

Springer Fachmedien Wiesbaden GmbH 2000

Rolf Porst

Diplom-Soziologe, 1952 in Speyer geboren. Von 1973 bis 1977 Studium der Soziologie, Politischen Wissenschaften und Zeitgeschichte an der Universität Mannheim. Von 1978 bis 1986 wissenschaftlicher Mitarbeiter und Projektleiter der Allgemeinen Bevölkerungsumfrage der Sozialwissenschaften (ALLBUS) an den Universitäten Mannheim und Heidelberg. Seit April 1986 Leiter der Feldabteilung am Zentrum für Umfragen, Methoden und Analysen (ZUMA) in Mannheim. Beratungstätigkeit und Forschungsarbeiten zu unterschiedlichsten Fragen der sozialwissenschaftlichen Datenerhebung.

Die Deutsche Bibliothek – CIP Einheitsaufnahme

Porst, Rolf
Praxis der Umfrageforschung / von Rolf Porst. 2., überarbeitete Auflage

(Teubner Studienskripten; 126 : Soziologie)
ISBN 978-3-531-13511-3   ISBN 978-3-663-11135-1 (eBook)
DOI 10.1007/978-3-663-11135-1

© Springer Fachmedien Wiesbaden 1985, 2000
Ursprünglich erschienen bei B. G. Teubner/Stuttgart/Leipzig/Wiesbaden 2000

Gesamtherstellung: Langelüddecke, Braunschweig

Inhalt

Vorbemerkung

Das vorliegende Buch basiert im wesentlichen auf dem Studienkurs „Umfrageforschung und Sekundäranalyse von Umfragedaten (am Beispiel des ALLBUS)" (Dreifachkurseinheit 3606), den ich für die FernUniversität/Gesamthochschule in Hagen verfasst habe. Während sich die erste Auflage des Buches, die 1985 - ebenfalls in Folge eines Studienkurses für die FernUniversität/Gesamthochschule Hagen - in der Reihe der Teubner Studienskripten zur Soziologie erschienen ist, sehr auf die damals noch recht junge Allgemeine Bevölkerungsumfrage der Sozialwissenschaften (ALLBUS) konzentriert hatte, soll mit der zweiten, vollständig überarbeiteten Auflage versucht werden, die mit dem ALLBUS mittlerweile gemachten Erfahrungen auf eine breitere Basis zu stellen und damit für die Umfrageforschung allgemeinere Gültigkeit zu beanspruchen. Nicht der ALLBUS ist das Thema des Buches, sondern die Umfrageforschung.

Es geht mir darum, am Beispiel eines etablierten und weit verbreiteten Forschungsprogramms der empirischen Sozialforschung sowie seiner der wissenschaftlichen Öffentlichkeit zugänglichen Daten und Forschungsergebnisse Möglichkeiten und Probleme der empirischen Umfrageforschung vorzustellen und zu diskutieren.

Dennoch werden wir beim Lesen an vielen Stellen und immer wieder auf den ALLBUS stoßen, und die Erstellung des Buches (wie auch des Studienkurses) wäre mir – schon lange nicht mehr direkt mit dem ALLBUS, aber schon lange mit Umfragen und Umfrageforschung beschäftigt – nicht möglich gewesen ohne die uneingeschränkte und motivierende Unterstützung einer Reihe von Kolleginnen und Kollegen, die sich täglich mit dem ALLBUS zu beschäftigen hatten oder haben.

Mein besonderer Dank gilt dabei Achim Koch, dem Leiter der Abteilung ALLBUS beim Zentrum für Umfragen, Methoden und Analysen in Mannheim, der mich selbstlos mit Material, Unterlagen und Gedanken versorgt und sich schließlich auch noch der Mühe einer kritischen Durchsicht des fertigen Manuskripts unterzogen hat. Mein Dank gilt aber auch einer Reihe ungenannter Kolleginnen und

Kollegen, die sich in der Zeit der Erstellung des Buches öfter mit der Frage „Kannst Du mir grad' mal schnell sagen...?" konfrontiert sahen und in der Regel nicht nur schnell, sondern auch mit großer Geduld reagiert haben. Weiterhin danke ich Christa von Briel und Nadine Hartmann, die das erste Manuskript mit Akribie durchgearbeitet und mir durch eine Vielzahl von Fragezeichen am Rande verdeutlicht haben, wie wenig man gelegentlich selbst noch über die Grundlagen dessen nachdenkt, was man täglich so tut.

Ich danke Frau Burzan und Herrn Prof. Dr. Fuchs-Heinritz vom Institut für Soziologie (Lehrgebiet Soziologie III/Allgemeine Soziologie) der Fernuniversität Hagen, die mich bei der Erstellung des Studienkurses betreut und durch fundierte und konstruktive Kritik zu seiner jetzt vorliegenden Form beigetragen haben. Der FernUniversität/Gesamthochschule in Hagen danke ich für die Erlaubnis, den Studienkurs als Buch veröffentlichen zu dürfen. Schließlich danke ich Herrn Prof. Dr. Sahner, dem Herausgeber der Studienskripten zur Soziologie, aufgrund dessen Anregung ich die Arbeit an der jetzt vorliegenden zweiten Auflage überhaupt erst aufgenommen habe.

Verantwortlich für das, was daraus geworden ist und was Sie letztendlich jetzt zu lesen haben, bin ich aber ganz alleine.

Mannheim, im Mai 2000

1. Einleitung

Die *Allgemeine Bevölkerungsumfrage der Sozialwissenschaften (ALLBUS)* ist ein Gemeinschaftsprojekt von ZUMA (Zentrum für Umfragen, Methoden und Analysen in Mannheim) und dem *ZA* (Zentralarchiv für empirische Sozialforschung an der Universität zu Köln)[1] zur Untersuchung von Einstellungen, Verhalten und Sozialstruktur der Bevölkerung in Deutschland. Der ALLBUS wird seit 1980 in zweijährigem Rhythmus durchgeführt und hat sich zu einer der am weitesten verbreiteten und am häufigsten genutzten Datenquellen der empirischen Sozialforschung in Deutschland entwickelt; durch zunächst bilaterale, im Rahmen des internationalen Umfrageprojektes *ISSP* (International Social Survey Program) dann multinationale Kooperation mit ausländischen Forschungseinrichtungen leistet er einen wesentlichen Beitrag der deutschen zur international vergleichenden empirischen Sozialforschung.

Die Bereitstellung der Daten des ALLBUS für Sekundäranalysen ist eines der Grundprinzipien des Forschungsprogramms ALLBUS; darüber hinaus wird versucht, durch allgemein zugängliche begleitende Materialien (Feldberichte, Methodenberichte, Datendokumentationen) eine möglichst hohe Transparenz des gesamten Projektes zu schaffen. Dies ist nicht nur ebenso wünschenswert wie ungewöhnlich, sondern hat einen für unsere Zwecke wichtigen Nebeneffekt: aufgrund seiner Transparenz und seiner Öffentlichkeit bietet sich der ALLBUS als exemplarische Studie für die Auseinandersetzung mit der empirischen Umfrageforschung in den Sozialwissenschaften an.

Nicht der ALLBUS ist unser Thema, sondern die Umfrageforschung. Wir behandeln den ALLBUS als ein *Instrument der empirischen Sozialforschung*.

---

[1]   Das *Zentrum für Umfragen, Methoden und Analysen (ZUMA)* in Mannheim, das *Zentralarchiv für empirische Sozialforschung (ZA) an der Universität zu Köln* und das *Informationszentrum Sozialwissenschaften (IZ)* in Bonn firmieren seit 1986 unter dem gemeinsamen Dach *GESIS (Gesellschaft Sozialwissenschaftlicher Infrastruktureinrichtungen)*.

Wir geben zunächst (Kapitel 2 bis 4) einen kurzen Abriss der *Geschichte der sozialwissenschaftlichen Umfrage* und der *Entwicklung der Umfrageforschung*, fragen nach der Bedeutung *replikativer Surveys* für die Sozialberichterstattung und die Messung sozialen Wandels und geben einen Überblick über das nun schon 20jährige *Forschungsprogramm ALLBUS*.

Danach (Kapitel 5) wollen wir zeigen, wie ein Forschungsprogramm innerhalb der Umfrageforschung *in die Praxis umgesetzt* wird und welche Schwierigkeiten dabei auftreten können. Wir verstehen diesen Teil des Buches als eine Art „*praktische Handlungsanweisung*", wobei wir sowohl allgemeine Probleme bei der Durchführung von Umfragen als auch spezielle Probleme der *sekundäranalytischen* Vorgehensweise diskutieren wollen.

Der dritte und letzte Teil (Kapitel 6) ist dann der *Auswertung von Umfragedaten* gewidmet. Wir befassen uns mit dem *Zustandekommen sozialwissenschaftlicher Aussagen* auf der Basis von Umfragedaten und der Frage, welche *Arten von sozialwissenschaftlichen Aussagen* auf der Basis von Umfragedaten überhaupt möglich sind.

Zur Einstimmung auf unseren – hoffentlich lehrreichen und hoffentlich dennoch interessanten – Ausflug in die sozialwissenschaftliche Umfragepraxis wenden wir unsere Aufmerksamkeit zunächst einer kleinen Geschichte der sozialwissenschaftlichen Umfrage und Umfrageforschung zu.

2. Entwicklung der Umfrageforschung

„Die Umfrageforschung hat", schreiben Noelle-Neumann und Petersen (1996: 619) „eine dreihundertjährige Entwicklungsgeschichte", und sie nennen „drei Ansätze, die zu wissenschaftlichen Traditionen wurden, auf die die Umfrageforschung heute gegründet ist". Bei diesen Ansätzen, die innerhalb nur eines Jahrzehnts, aber unabhängig voneinander, in Frankreich, England und Deutschland entstanden sind, handelt es sich um (vgl. dazu und im folgenden Noelle-Neumann und Petersen 1996: 619f)

- ☐ die Überlegungen des Mathematikers Pascal zu den Chancen beim Glücksspiel (Frankreich 1654), die, über eine wesentliche Weiterentwicklung durch Bernoulli zu Beginn des 18. Jahrhunderts, zur Formulierung des Gesetzes der großen Zahl und der Wahrscheinlichkeitsrechnung führten – Grundlage der Stichprobentheorie „repräsentativer" Bevölkerungsumfragen,
- ☐ die Arbeiten von Graunt und Petty (England, um 1660) auf einem Gebiet, das „politische Arithmetik", später „Statistik" und „Soziographie" genannt worden ist; Graunt führte erste sozialstatistische Analysen zur Sterblichkeit durch, Petty veröffentlichte 1672 die erste soziographische Studie „Die politische Anatomie von Irland"
- ☐ und die „statistischen" Vorlesungen Hermann Conrings an der Universität in Helmstedt (Deutschland, um 1660), welche „die deutsche klassifizierende Tradition dessen begründete, was zuerst ‚Statistik' und später ‚Staatswissenschaft' hieß und heute, enger begrenzt, als ‚Politische Wissenschaft' bezeichnet wird" (Noelle-Neumann und Petersen 1996: 620).

Diese bereits recht früh erfolgte statistisch-theoretische Fundierung, die auch für die heutige Umfrageforschung noch bestimmend ist, führt aber nicht unmittelbar zu ihrer systematischen Umsetzung in wie auch immer geartete Befragungen. Zwar hat bereits Karl der

Große (747-814) die Bischöfe seines Reiches mit standardisierten
Fragebogen zu bestimmten kirchlichen Streitfragen bedacht, und
wenn auch die Befragung des spanischen Franziskanermönches Fray
Bernardino de Sahagún an verschiedenen Orten in Mexiko zwischen
1558 und 1565 vermittels eines Gesprächleitfadens pointiert als „das
erste Projekt empirischer Sozialforschung in der Geschichte" bezeichnet wird (Noelle-Neumann und Petersen 1996: 38/39)[2] – der
Beginn kontinuierlicher Entwicklung und Durchführung von Umfragen datiert erst auf das ausgehende 18. Jahrhundert.[3]

Welches nun aber wirklich die erste „richtige" sozialwissenschaftliche Umfrage war, scheint offensichtlich nicht ganz sicher zu
sein. Auch Noelle-Neumann und Petersen (1996) lassen uns ein wenig im Stich, nennen sie doch einmal eine Befragung in England über
die Lage in den Gefängnissen Ende des 18. Jahrhunderts als „die
erste in dieser Ahnenreihe von Umfragen" (S. 39), an anderer Stelle
die Erhebung von Davies zum „Haushaltsbudget der arbeitenden
Klassen in England" aus dem Jahre 1787 als die erste Studie, die
vermittels eines Fragebogens systematische Informationen zu erfassen suchte (S. 620).[4]

In Deutschland werden Umfragen mit Fragebogen ab Mitte des
19. Jahrhunderts „in immer wachsender Zahl durchgeführt" (Noelle-

---

[2] Ein Großteil der Informationen zur Vorgeschichte der sozialwissen-
    schaftlichen Umfrage sind dem bereits häufiger zitierten Buch von
    Noelle-Neumann und Petersen (1996) entnommen. Es ist keinesfalls
    übertrieben zu behaupten, dass dieses Buch ein absolutes Muss für jeden
    ist, der sich mit der empirischen Umfrageforschung beschäftigt. Wer
    darüber hinaus an der Entwicklung der Umfrageforschung in den letzten
    dreißig Jahren interessiert ist, sollte sich der Mühe und Freude unterzie-
    hen, auch dessen Vorläufer (Noelle 1963) vergleichend zu studieren.

[3] Statistische *Erhebungen* dagegen sind, wie wir alle aus der Weihnachts-
    geschichte wissen („Es begab sich aber zu der Zeit...."; Lukas 2, 1-3)
    oder bei Noelle-Neumann und Petersen (1996: 30f) nachlesen können,
    erheblich älter als Umfragen und reichen etwa in Ägypten bis ins zweite
    vorchristliche Jahrhundert zurück: „Von den meisten Großreichen der
    Antike ist bekannt, dass Volkszählungen durchgeführt worden sind; be-
    sonders ausgeklügelt waren die regelmäßigen Erfassungen im alten
    Ägypten und in Rom" (ebenda: 31).

[4] Die Erhebung von Davies wird auch von Maus (1973: 24) als erste
    bezeichnet, bei der eine „Art von Fragebogen" zum Einsatz gekommen
    sei, wobei Maus die Umfrage allerdings auf das Jahr 1795 datiert.

Neumann und Petersen 1996: 620/621), die erste von Alexander von
Lengerke über die Lebensbedingungen der Landarbeiter in Sachsen,
die bekanntesten – unter wesentlicher Beteiligung von Max Weber –
sicherlich die Umfragen des Vereins für Socialpolitik zwischen 1881
und 1912, u.a. zur Lage der Landarbeiter, zum Wucher auf dem
Lande oder zur Situation der Arbeiter in der Fabrik.[5] Um sich ein
Bild von der Lage der Arbeiter in Frankreich zu verschaffen, führt
selbst Karl Marx im Jahre 1880 über die französische Zeitschrift
„Revue Socialiste" eine Umfrage durch, die sich nach Ansicht von
Diekmann (1995: 86/87) allerdings als „ziemlicher 'Flop'" erwiesen
habe und deren bemerkenswertester Aspekt aus heutiger Sicht wohl
sei, „dass der Theoretiker Marx die Initiative zu einer empirischen
Fragebogenerhebung ergriffen hat".

Die moderne Umfrageforschung nimmt ihren Anfang um 1900 in
den Vereinigten Staaten, als Zeitungsjournalisten damit beginnen,
über Gespräche mit Passanten etwas über die Einstellungen der Bevölkerung zu tagespolitischen und aktuellen Themen zu erfragen.
Kurz vor Beginn des Ersten Weltkrieges werden bereits regelmäßig
schriftliche Leserbefragungen durchgeführt; in verschiedenen Zeit-
schriftenverlagen haben sich entsprechende Forschungsabteilungen
etabliert. Der „Literary Digest" veröffentlicht ab 1916 Wahlvorhersagen auf der Basis von Umfragen bei Telefon- und Autobesitzern.

Unmittelbar nach dem Ersten Weltkrieg etablieren sich in
Deutschland erste Sozialforschungsinstitute, wodurch sich der Cha-
rakter der Disziplin verändert; aus atomisierten Gelehrten werden
Forschungsteams und „Schulen": das Kölner Forschungsinstitut für
Sozialwissenschaften (Leopold von Wiese) wird 1919 gegründet, das
Frankfurter Institut für Sozialforschung 1924 (wobei man hier aller-
dings erst ab 1930 – Max Horkheimer wird in diesem Jahr sein Di-
rektor – von einem empirisch arbeitenden Institut sprechen kann).
Trotz dieser Bemühungen stagniert die empirische Soziologie in
Deutschland in der ersten Hälfte des Zwanzigsten Jahrhunderts;

---

[5] Neben der Einleitung zu Noelle-Neumann und Petersen (1996) ist auch
der Artikel von Maus (1973) als sehr guter, sehr detaillierter Überblick
über die „Vorgeschichte der empirischen Sozialforschung" empfehlenswert. Empfehlenswert und kurz auch die Darstellung bei Diekmann
(1995: 77ff). Mit Ursprüngen, Ansätzen und Entwicklungslinien der
empirischen Sozialforschung insgesamt befasst sich Kern (1982).

richtungsweisend sind Amerikaner und Österreicher (vgl. Diekmann 1995: 94ff). In den Vereinigten Staaten gewinnt vor allem die Chicago-Schule (Park, Burgess) an Bedeutung, in Österreich die Wiener Gruppe, deren führender Vertreter Paul Lazarsfeld 1927 die „Österreichische psychologische Forschungsstelle" in Wien gründet. Hier werden wichtige methodische Innovationen entwickelt und erprobt.

Befragungen, Umfragen gelten zu dieser Zeit noch lange nicht als der „Königsweg" der empirischen Sozialforschung; insbesondere die universitären Sozialwissenschaftler „nahmen keinerlei Anteil an der Entwicklung" des Instruments und seiner Methodik (Scheuch und Roghmann 1972: 539). Anders die Markt- und Meinungsforschung, bei der Umfragen in der Zwischenkriegszeit bereits zum Standardrepertoire gehören. In den Vereinigten Staaten entstehen die ersten Markt- und Meinungsforschungsinstitute, mit „Public Opinion Quarterly" erscheint 1936 die erste einschlägige Fachzeitschrift.

Ausgerechnet Forschungen im Dienste der Kriegsführung sind es, die auch akademische Sozialforscher zur Beschäftigung mit Umfragen führen. Die Kooperation zwischen akademisch und kommerziell tätigen Forschern bei verschiedenen militärischen Einrichtungen vor und während des Zweiten Weltkrieges[6] bringt eine rapide Entwicklung in der Methodologie und Umfragetechnik und zugleich eine systematische Ausbildung für Sozialforscher mit sich. 1937 wird das „Bureau of Radio Research" gegründet, das später von Paul Lazarsfeld als „Bureau of Applied Social Research" zu einem der führenden Sozialforschungsinstitute seiner Zeit ausgebaut wird, 1940 folgt das National Opinion Research Center (NORC) in Princeton; 1946 übernimmt die University of Michigan eine ministerielle Umfrageabteilung als „Survey Research Center" (SRC).

---

[6]   vgl. Scheuch und Roghmann (1972: 539/540). Leider erfahren wir weder dort noch in der anderen uns bekannten Literatur Näheres zu diesem Sachverhalt. Bei Gorges (1992: 128) lesen wir immerhin, dass man sich die in den 30er Jahren entwickelten Verfahren zur Messung von Einstellungen durch Skalen und die ebenfalls in dieser Zeit verbesserten Stichprobenverfahren zunutze gemacht habe: „Die in der Zeit geringer Forschungstätigkeit während der Depression entwickelten Forschungsinstrumente setzten während des Zweiten Weltkrieges Regierung und private Institute zur Verteidigung der USA im Zivilleben und erstmals auch bei den Streitkräften ein."

Die Entwicklung in den Vereinigten Staaten wirkt sich sofort nach Kriegsende auf die Tätigkeit der Institute der amerikanischen und britischen Militärregierungen in Deutschland aus, die ihrerseits – über die Ausbildung einer Reihe deutscher Meinungsforscher – auf die praktisch neu beginnende[7] deutsche Umfrageforschung ausstrahlt. Schon 1945 werden erste Bevölkerungsbefragungen in den Westzonen Deutschlands durchgeführt.

Die Arbeit der Meinungsforscher stößt in Deutschland zunächst offensichtlich auf massive Skepsis; ungeachtet der Tradition der deutschen Umfragen des 19. und frühen 20. Jahrhunderts hält man die Bevölkerungsumfrage hier für eine „amerikanische Erfindung": „Das neue Beobachtungsinstrument wurde kaum mit Freude begrüßt, nicht als Fortschritt menschlicher Erkenntnismöglichkeiten gepriesen. Es weckte Unbehagen. Man wunderte sich, warum plötzlich überall Umfrageergebnisse erschienen, in Zeitungen und im Rundfunk, in den politischen Reden ebenso wie in den Geschäftspapieren der Firmen. Zeitweise dachte man, es sei eine Mode." (Noelle-Neumann und Petersen 1996: 21).

Trotz dieses Unbehagens an Bevölkerungsumfragen entwickelt sich die Umfrageforschung in der Bundesrepublik von nun an rasch, allerdings – wie Lepsius (1979: 35) noch richtigerweise konstatieren muss – „weitgehend außerhalb der akademisch verfassten Soziologie". Unter dem Namen EMNID wird bereits 1945 in Bielefeld das erste Markt- und Meinungsforschungsinstitut im Nachkriegsdeutschland gegründet, 1947 folgt das Institut für Demoskopie (IfD) in Allensbach[8], 1951 das Deutsche Institut für Volksumfragen (DIVO) in Frankfurt.

Die akademische Sozialforschung bleibt Umfragen und der Umfragemethodik gegenüber zunächst noch defensiv, sieht man von

---

[7] Mit Lepsius' (1979: 28) These von der „faktischen Auflösung der Soziologie" in der Zeit des Nationalsozialismus setzt sich Kern (1982: 209ff) kritisch auseinander. Kern hält diese These für „eine Vereinfachung, die die Sache nicht ganz trifft... galt doch der Angriff (der Nationalsozialisten auf die Soziologie; r.p.) auffälligen und besonders missliebigen geistigen Positionen und nicht so sehr dem Fach in seiner ganzen Breite" (Kern 1982: 211).

[8] dessen Gründerin und Leiterin bis zum heutigen Tage – Elisabeth Noelle-Neumann – gelegentlich als die Inkarnation der Meinungsforschung schlechthin gilt.

einigen wenigen empirischen Zentren (vor allem die „Kölner Schule"
um René König) oder einigen wenigen Disziplinen (vor allem die
Wahlforschung) ab. Dies ändert sich aber rasch, und wir nehmen ein
starkes Anwachsen empirischer sozialwissenschaftlicher Forschung
seit Ende der 60er, spätestens seit Mitte der 70er Jahre und die
Gründung einer Reihe sozialwissenschaftlicher „Großforschungsin-
stitute" (wie z.b. das Wissenschaftszentrum Berlin für Sozialforschung WZB, das Max-Planck-Institut für Gesellschaftswissenschaft
in Köln) zur Kenntnis.

Mittlerweile steht die grundsätzliche Bedeutung der Befragung
als Methode zur Erfassung sozialwissenschaftlich relevanter Informationen außer Zweifel (Phillips 1971; Kaase, Ott und Scheuch
1983; von Alemann 1984). Eine inhaltsanalytische Auswertung
sämtlicher Artikel der drei deutschen allgemeinen soziologischen
Fachzeitschriften – „Kölner Zeitschrift für Soziologie und Sozialpsychologie", „Zeitschrift für Soziologie", „Soziale Welt" – in den Jahren 1989 bis 1993 (Diekmann 1996: 371ff) „bestätigt den Spitzen-
platz der Befragung mit weitem Abstand vor alternativen Erhebungs-
methoden" (ebenda: 371).

Der „Boom" der empirischen Sozialforschung führt – schließlich
wollte man methodisches und methodologisches Wissen nicht für
jedes neue Forschungsprojekt immer wieder aufs Neue erwerben
oder einkaufen – letztendlich auch zur Forderung nach einer qualita-
tiv hochwertigen wissenschaftlichen Infrastruktur für die empirische
Sozialforschung in Deutschland. Neben dem bereits seit 1960 bestehenden *Zentralarchiv für empirische Sozialforschung (ZA)* in Köln
werden 1969 mit dem *Informationszentrum Sozialwissenschaften
(IZ)* in Bonn und 1974 mit dem *Zentrum für Umfragen, Methoden
und Analysen (ZUMA)* in Mannheim weitere zentrale Infrastruktureinrichtungen für die empirischen Sozialwissenschaften geschaffen,
die seit 1986 unter dem gemeinsamen Dach *GESIS (Gesellschaft
Sozialwissenschaftlicher Infrastruktureinrichtungen)* firmieren. Die
GESIS-Institute sind Ausgangspunkt, Träger, Organisator oder Be-
rater für eine Reihe anderer sozialwissenschaftlicher Infrastruktureinrichtungen, von denen eine die *Allgemeine Bevölkerungsumfrage der
Sozialwissenschaften (ALLBUS)* ist.

3. Replikative Surveys als Instrument zur Messung sozialen Wandels

Allgemeine Bevölkerungsumfragen, die heute in einer Vielzahl von Ländern durchgeführt werden, basieren auf der Idee, durch die Bildung langer Zeitreihen „wesentliche Elemente des gesellschaftlichen Wandels mit den Mitteln der Umfrageforschung zu erfassen" (Braun und Mohler 1991: 7). Vom Ansatz der *Sozialindikatorenbewegung* (Duncan 1969, Hoffmann-Nowotny, Hrsg., 1976, Zapf 1977, Noll 1989, Noll und Wiegand 1993, Noll und Zapf 1994) unterscheidet sich die Konzeption der allgemeinen Bevölkerungsumfrage dadurch, dass bei jener die Messung subjektiver Indikatoren auf normativ vorgegebene Wohlfahrtsziele[9] ausgerichtet ist, während bei der allgemeinen Bevölkerungsumfrage „unabhängig von normativen Vorgaben relevante Dimensionen gesellschaftlichen Wandels herausgearbeitet und geeignete Indikatoren zu deren Erfassung gefunden werden" (Braun und Mohler 1991: 7). Beides sind jedoch – neben anderen – sich einander ergänzende, gleichberechtigte Arten der Erfassung des sozialen Wandels, die sich unter dem Begriff der *gesellschaftlichen Dauerbeobachtung* zusammenfassen lassen (Zapf 1977).

Gesellschaftliche Dauerbeobachtung ist nach Zapf (1977: 213) ein Modell für Politik, „ein Modell des Regierens, in dem deutlicher als in anderen Modellen nach den politischen Rückkoppelungen und Erfolgskontrollen gefragt wird". Dieses Modell benötigt eine perma-

---

[9]   In der Sozialindikatorenbewegung wurden als „soziale Indikatoren" zunächst nur objektive Indikatoren wie z.B. die Lebenserwartung, die Versorgung mit Wohnraum oder die Chancengleichheit im Bildungssystem verstanden, die Auskunft über die Lebensqualität der Bevölkerung geben sollten. Erst später wurden auch Indikatoren des subjektiven Wohlbefindens („subjektive soziale Indikatoren") in dieses Konzept integriert; als die beiden wichtigsten Konzepte zur Quantifizierung des subjektiven Wohlbefindens als Zielvorgabe einer Gesellschaft und ihrer Mitglieder gelten „Glück" und „Zufriedenheit" (zum Konzept subjektiver sozialer Indikatoren s. Noll, 1989)

nente Informationsbeschaffung und -bereitstellung. Dazu bedarf es der Tätigkeit von „Institutionen, ...die es erlauben, gesellschaftliche Verhältnisse und die Wirkungen politischen Handelns regelmäßig, umfassend und autonom zu beobachten". Solche Institutionen werden als „Institutionen der gesellschaftlichen Dauerbeobachtung" bezeichnet, ihre aggregierten Leistungen als „gesamtgesellschaftliche Information" (Zapf 1977: 212ff).

Eine von mehreren wichtigen Methoden der gesellschaftlichen Dauerbeobachtung sind *replikative Surveys*. Als replikative Surveys bezeichnet man für eine Gesamtbevölkerung „repräsentativ" angelegte Umfragen, die mit vollständiger oder partieller Wiederholung von Fragenprogrammen in regelmäßigen Abständen durchgeführt werden, um durch sich selbst oder durch Replikation älterer Studien oder Teilen davon Zeitreihen für sozialwissenschaftliche Daten zu erstellen. Auf der Basis solcher Zeitreihen ist die Analyse sozialen Wandels möglich.

Diese Überlegung ist 1969 von Otis D. Duncan in seiner bemerkenswerten Schrift „Toward Social Reporting: Next Steps" entwickelt worden. Duncan diskutiert dort sechs Strategien für die damals aufkommende Sozialindikatorenforschung und Sozialberichterstattung. Im Ergebnis plädiert er für die Gleichsetzung der Sozialberichterstattung mit der Messung sozialen Wandels und schlägt als fruchtbarstes und chancenreichstes Verfahren die Replikation von Umfrageergebnissen vor, die bereits in der Form aufbereiteter Daten vorliegen und zugänglich sind.[10]

Sind Umfragen als *Querschnitts*untersuchungen[11] schon an sich nicht ganz unumstritten (vgl. Porst 1985: 21ff) – jedes Lehrbuch der empirischen Sozialforschung nennt uns die Schwachstellen[12] – so sind es *replikative* Surveys schon gar nicht. Sie zur Beobachtung sozialen Wandels heranzuziehen kann sogar höchst problematisch

---

[10]   Damit liefert Duncan implizit auch die Grundidee für die Allgemeine Bevölkerungsumfrage der Sozialwissenschaften (ALLBUS).

[11]   Als Querschnittsuntersuchungen bezeichnen wir solche Umfragen, die nur einmal durchgeführt werden, also nicht auf die Bildung von Zeitreihen hin ausgerichtet sind, sondern auf die Abbildung sozialer Tatbestände zu einem bestimmten Zeitpunkt oder zu einer bestimmten Zeitphase.

[12]   Mit einigen dieser Schwachstellen werden wir uns später noch zu beschäftigen haben.

werden: Zum einen können gemessene Veränderungen über die Zeit statt Wandel nur Folge verschiedenster methodischer Abweichungen zwischen Vorläufer- und Nachfolgestudie sein (Problem der exakten Replikation), zum andern können – je nach Abstand zwischen den Erhebungszeitpunkten und nach der Geschwindigkeit des Wandels – tatsächliche Veränderungen „übersehen" oder kurzfristige zyklische Veränderungen voreilig als Wandel interpretiert werden (Problem der „richtigen" Distanzen zwischen den Erhebungszeitpunkten; vgl. dazu Porst 1985: 25ff).

Das Problem der *„richtigen" Distanzen* zwischen den Meßzeitpunkten kann zumindest dann möglicherweise noch alleine durch Nachdenken gelöst werden, wenn man mit einer neuen Umfrageserie neue Zeitreihen begründen will; je nachdem, ob man langsamen oder schnellen Wandel erwartet, entscheidet man sich für kurze oder längere Zeiträume zwischen den einzelnen Befragungen. Die Frage nach *exakter Replikation* oder Abweichung davon stellt sich – unabhängig von den zeitlichen Distanzen – aber für jede nachfolgende Umfrage, selbst bei solchen Umfrageserien, die zur Bildung von Zeitreihen nicht auf Vorläuferstudien zurückgreifen müssen, sondern mit einer eigenen Basisumfrage starten können. Die Frage, inwiefern eine exakte Replikation nicht nur sinnvoll, sondern real möglich ist, ist nun allerdings alles andere als trivial (vgl. dazu Mayer 1984: 15ff).

Eine exakte Replikation fordert nämlich normativ nicht nur

- identische Populationen
- identische Stichprobenverfahren
- identische Frage- und Antwortformulierungen[13]
- identische Grafik und Technik des Erhebungsinstruments
- gleiche Interviewerinstruktionen und vergleichbare Interviewer,

sondern streng genommen auch die Replikation einmal gemachter Fehler: „In a serious replication, one will repeat faithfully the ‚errors'

---

[13]   Allerbeck und Hoag (1983: 457) schreiben dazu: „Das Ziel der Vergleichbarkeit verlangt den Verzicht auf Veränderungen der Messinstrumente. Dies verbietet auch ‚vermeintliche' Verbesserungen; wie alle Erfahrungen mit Umfrageforschung zeigen, können schon scheinbar kleine Veränderungen in Frageformulierungen, Antwortvorgaben, usw. beträchtliche Veränderungen der Antwortverteilungen zur Folge haben."

of the original study..." (Duncan 1969: 27).

Nun ist es natürlich nicht sonderlich schwierig, einmal gemachte Fehler exakt zu replizieren[14]; wesentlich schwieriger ist es schon, eine gewünschte Replikation in die Praxis umzusetzen. Es ist nämlich ganz offensichtlich, dass sich die normativen Anforderungen an die exakte Replikation in der Realität nur bedingt über einen längeren Zeitraum umsetzen lassen – wenn überhaupt. Am deutlichsten wird diese Skepsis bei den Interviewern bestätigt: Exakte Replikation würde – wie wir gerade gelernt haben – nämlich unter anderem auch heißen, dass die Interviewer, die eine Umfrage durchführen, denjenigen vergleichbar sind, welche die zu replizierende Vorgängerbefragung durchgeführt hatten. Tatsächlich wissen wir aber oft gar nicht, welche soziodemographischen oder gar einstellungsmäßigen Merkmale die Interviewer charakterisieren, die unsere Befragungen durchführen, und selbst wenn wir das wüssten, wäre es den Umfrageinstituten schlicht nicht möglich, aus ihrem Stab solche für unsere Befragung auszuwählen, die denjenigen ähnlich sind, die unsere vorhergehende Umfrage realisiert haben. Dass sich Fragebogenlayouts im Verlaufe der Zeit ändern, ist selbstredend, dass Institute mit neuen Techniken arbeiten, die ihnen vor Jahren noch nicht zur Verfügung standen, ebenso, dass Frageformulierungen gelegentlich verändert und modernisiert werden, ebenso. Aber selbst das Stichprobenverfahren kann (zum Beispiel aus finanziellen Gründen) sich über die Zeit verändern, und sogar die Definition der Population muss 1998 nicht die gleiche sein wie 1980 (wenn wir z.B. mit unseren bundesweiten Surveys weggehen von der erwachsenen deutschen Wohnbevölkerung und hin zur erwachsenen Wohnbevölkerung in Deutschland).

Ein weiterer wichtiger Aspekt, der im Zusammenhang mit dem Erkenntniswert von replikativen Surveys zu diskutieren ist, liegt in der Tatsache begründet, dass diese Form der Datengewinnung Veränderungen oder Konstanz über die Zeit „nur" auf Aggregatebene (also für Gesellschaften oder Gruppen dieser Gesellschaften als Ge-

---

[14]   Die exakte Replikation eines Fehlers ist zwar nicht wünschenswert, und wir tun alles, um dieses zu vermeiden, doch fallen in der Praxis gelegentlich Vorschläge zur Verbesserung „traditioneller" Fragen der Forderung nach Weiterführung einer exakten Zeitreihe und dem Ziel der „Vergleichbarkeit" zum Opfer.

samtheiten) beschreiben kann; dies ist für viele sozialwissenschaftliche Fragestellungen ausreichend, manchmal sogar vorteilhaft. Will man dagegen individuale Veränderungen über die Zeit messen, muss man auf das *Panel* zurückgreifen, also die wiederholte Befragung der gleichen Personen über mehrere Erhebungszeiträume, das die individuelle Veränderung oder Konstanz von Einstellungen oder sonstigen Informationen abbilden kann. Panels allerdings sind extrem aufwendige Verfahren der Datengewinnung in den empirischen Sozialwissenschaften und demzufolge auch in der Regel nicht gerade billig (wenngleich auch die Kosten für die Durchführung singulärer Umfragen in den letzten Jahren deutlich angestiegen sind).

Schließlich verweisen Allerbeck und Hoag (1983: 460) auf eine ganz entscheidende Schwierigkeit des replikativen Surveys, von dem sie sagen, er hätte zwar „den ersichtlichen Vorteil, Wandel meßbar zu machen", aber auch seine Grenzen darin, dass es Wandel gebe, „der durch diese Strategie nicht gemessen werden kann" und „Bedingungen, unter denen die Messung des Wandels nicht möglich ist": Ausgehend von der Feststellung, dass „Sozialforschung Selbstverständliches, Fragloses eben nicht zu erfassen pflegt" (ebenda), kann es, neben der Tatsache, dass man eine ältere Frage – aus welchen Gründen auch immer – zu einem späteren Zeitpunkt nicht mehr stellen kann, auch – genauso fatal – dazu kommen, dass es für eine heute interessierende Frage keine Vorbildfrage in früheren Umfragen gibt. Beides führe dazu, so Allerbeck und Hoag (1983: 461), „dass gerade Veränderungen größeren Ausmaßes in der Realität durch die Replikations-Strategie nicht erfassbar sein mögen", was ihrer Ansicht nach „mit der Gefahr systematischer Unterschätzungen sozialen Wandels verbunden ist" (ebenda).[15]

---

[15]   Allerbeck und Hoag (1983: 461) folgern daraus nun aber nicht, dass der replikative Survey vom Ansatz her falsch oder überflüssig sei, sondern „dass diese Strategie der Replikation ergänzungsbedürftig ist", und sie nennen als Ergänzung der Replikation zum einen die Möglichkeit, zu unterschiedlichen Zeitpunkten „unterschiedliche Fragen zu stellen, die verschiedene Ausschnitte desselben zugrundeliegenden gedachten Kontinuums erfassen" (was zwar keine exakte Beschreibung des Ausmaßes von Veränderungen, aber zumindest „Dokumentation des Wandels" ermögliche), zum andern die Ergänzung von Umfrageergebnissen durch andere Techniken wie die Inhaltsanalyse, „um Selbstverständlichkeiten zum Zeitpunkt t1 zu erfassen".

Trotz seiner Schwächen hat sich in Deutschland wie auch in anderen Ländern der replikative Survey – vielleicht auch nur aus eher pragmatischen Gründen (niedrigere Kosten, weniger Aufwand) – durchgesetzt[16], während das längerfristige Panel an einer Stichprobe der Gesamtbevölkerung die Ausnahme geblieben ist, auch wenn sich diese Ausnahme – wie das „Sozioökonomische Panel (SOEP)" in Deutschland – von der Auswertungsseite her als überaus fruchtbar erwiesen hat und auf ein immens hohes Nutzerinteresse stößt.[17]

Unter dem Gesichtspunkt der gesellschaftlichen Dauerbeobachtung ist es natürlich wünschenswert, auf die unterschiedlichen regelmäßigen Befragungen je nach Fragestellung zurückzugreifen und ihre Ergebnisse auch zu kombinieren. Und es ist zunehmend wichtig, dies im internationalen Vergleich zu tun. In diesem Zusammenhang kommt der *Allgemeinen Bevölkerungsumfrage der Sozialwissenschaften (ALLBUS)* als Datenquelle für die deutsche empirische Sozialforschung besondere Bedeutung zu.

---

[16] wobei zu dieser Entwicklung neben den eher pragmatischen Gründen sicherlich aber auch die methodischen Probleme des Panels beigetragen haben, insbesondere das Problem der Panelmortalität und des daraus resultierenden erforderlichen „Auffüllens" der Stichprobe, die Lerneffekte bei mehrfach befragten Personen, etc.

[17] Das „Sozioökonomische Panel" ist eine umfassende Längsschnittuntersuchung privater Haushalte in Deutschland. Die Befragung wird seit 1984 im jährlichen Rhythmus bei den gleichen Befragungspersonen und Befragungshaushalten durchgeführt; seit 1990 wurde die Umfrage auch auf das Gebiet der ehemaligen DDR ausgeweitet. Eine kurze Übersicht über das „Sozioökonomische Panel" geben Wagner, Schupp und Rendtel (1994); Informationen zum SOEP gibt es auch im Internet unter der Adresse http://www.diw-berlin.de/soep/.

4. Das Forschungsprogramm ALLBUS

Mit dem ALLBUS sollte – so die Vorstellung – ein professionseigenes und professionsöffentliches Befragungsinstrumentarium zur Verfügung gestellt werden, mit dem ganz unterschiedliche sozialwissenschaftlich relevante Fragestellungen auf einer methodisch hochwertigen empirischen Grundlage behandelt werden könnten. Über die Definition der aktuellen und relevanten sozialwissenschaftlichen Fragestellungen und die Idee, sich in einem offenen Wettbewerb mit Fragen in den ALLBUS einzubringen, sollte die Profession in den ALLBUS – dessen Verantwortliche sich zumindest in der Anfangszeit demzufolge auch als „Sachwalter" der Profession verstanden – eingebunden werden; die Daten und Ergebnisse wiederum sollten allen Interessenten für Sekundäranalysen zur Verfügung gestellt werden. Dies war der Ausgangspunkt für erste Überlegungen zu einer Allgemeinen Bevölkerungsumfrage der Sozialwissenschaften in Deutschland.

4.1 Vorgeschichte und Geschichte

Die Idee zu einer Allgemeinen Bevölkerungsumfrage der Sozialwissenschaften in Deutschland entstand im Jahre 1974 im Rahmen einer Initiative der Deutschen Gesellschaft für Soziologie zum Ausbau der Infrastruktur der empirischen Sozialforschung in der Bundesrepublik. Im „Grauen Plan" der Deutschen Forschungsgemeinschaft (DFG) 1975 wurde die Allgemeine Bevölkerungsumfrage der Sozialwissenschaften[18] als Desiderat der empirischen Sozialforschung erwähnt; die DFG-Senatskommission für empirische Sozialforschung hat die Planung und das Zustandekommen des ALLBUS intensiv unterstützt.

---

[18] damals noch unter dem wenig charmanten Namen „Nationaler Sozialer Survey", abgekürzt: NSS.

Daraufhin hat eine Gruppe von Sozialwissenschaftlern eine Konzeption für die Allgemeine Bevölkerungsumfrage der Sozialwissenschaften entwickelt, die von M. Rainer Lepsius (damals Mannheim), Erwin K. Scheuch (Köln) und Rolf Ziegler (München) der DFG als Forschungsantrag vorgelegt worden ist. Mit der Bewilligung dieses Antrages hat die DFG den Grundstein für das Projekt ALLBUS gelegt. Die konkrete Arbeit des Projekts begann im Herbst 1978 mit der Suche nach kompletten Umfragen und einzelnen Fragen, für die bereits ältere Zeitreihen oder zumindest singuläre Erhebungszeitpunkte vorlagen und die von daher als Grundlage für das Fragenprogramm des ersten ALLBUS dienen könnten. Die erste ALLBUS-Umfrage wurde dann im Januar und Februar 1980 durchgeführt.

Neben der Einbindung in die Profession, die durch einen Kreis von Antragstellern aus dem universitären Kontext repräsentiert werden sollte, war von vornherein auch besonderer Wert auf hohe methodische Standards des ALLBUS gelegt worden. Von daher war das Projekt ALLBUS zunächst intellektuell, dann auch räumlich beim Zentrum für Umfragen, Methoden und Analysen (ZUMA) in Mannheim angesiedelt worden, wo es als Gemeinschaftsprojekt von ZUMA und dem Zentralarchiv für empirische Sozialforschung an der Universität zu Köln (ZA) betreut und durchgeführt wird. ZUMA ist für das Forschungsprogramm und das Gesamtdesign des ALLBUS verantwortlich, bereitet die Studien vor und führt sie gemeinsam mit einem privaten Umfrageinstitut durch. Die Codebucherstellung, die Kumulation von Datensätzen, der Datenvertrieb und die Archivierung erfolgen durch das ZA.

Mit der Gründung der GESIS 1986 verlor der ALLBUS seinen Status als DFG-Projekt und wurde zu einer eigenen Abteilung bei ZUMA aufgewertet. Aus dem Antragstellerkreis wurde der „ALLBUS-Ausschuß", dem derzeit (März 2000) sieben Mitglieder angehören: Walter Müller (Mannheim, federführend), Jutta Allmendinger (München), Hans-Jürgen Andreß (Bielefeld), Wilhelm Bürklin (Potsdam), Marie Luise Kiefer (Wien), Karl Dieter Opp (Leipzig) und Erwin K. Scheuch (Köln).[19] Leiter der Abteilung ALLBUS bei

---

[19]   Wer gerne sehen möchte, welche Personen zwischen 1980 und 1997 sonst noch als Antragsteller bzw. als Mitglied des ALLBUS-Ausschusses fungiert haben, kann dies im Internet unter http://www.zuma-mannheim.de/data/allbus/beirat.htm tun.

ZUMA ist Achim Koch.[20] Gemeinsam mit den Abteilungen „Einkommen und Verbrauch", „Mikrodaten" und „Soziale Indikatoren"
bildet die Abteilung ALLBUS bei ZUMA den Funktionsbereich
„Dauerbeobachtung".
Zu Beginn des Jahres 2000 ist der elfte bzw. – rechnet man die
zusätzliche „Baseline-Studie" von 1991 als *erste gesamtdeutsche
ALLBUS-Umfrage* mit – der zwölfte ALLBUS durchgeführt worden.

4.2   Konzeption und Ziele

Seiner Konzeption nach ist der ALLBUS ein Forschungsprogramm
zur Erhebung aktueller und repräsentativer Daten über Einstellungen
und Verhaltensweisen der Bevölkerung der Bundesrepublik
Deutschland. Er dient vornehmlich dem Ziel, für Forschung und
Lehre in den Sozialwissenschaften eine kontinuierliche, inhaltlich
fruchtbare und methodisch anspruchsvolle Informationsgrundlage zu
schaffen, die allgemein zugänglich ist. Mit den ALLBUS-Daten
sollen Möglichkeiten geschaffen werden zur...

☐ Beschreibung und Analyse von Einstellungen, Verhaltensweisen und Sozialstruktur der Bevölkerung durch aktuelle
   Querschnittsdaten,
☐ gesellschaftlichen Dauerbeobachtung und zur Analyse sozialen Wandels durch Zeitreihenbildung und durch die Replikation bewährter Fragen aus anderen sozialwissenschaftlichen Umfragen und zur
☐ international vergleichenden Gesellschaftsanalyse.

Darüber hinaus dient der ALLBUS durch systematische methodische
Begleitforschung als Instrument der Methodenentwicklung in der
empirischen Umfrageforschung.[21]

---

[20]   Der Verfasser dieses Buches war selbst der erste und anfänglich einzige
       Mitarbeiter im DFG-Projekt ALLBUS und hat das Projekt nach seiner
       Expansion geleitet bis März 1986.
[21]   zu den Zielen des ALLBUS vgl. Mayer 1984: 12ff; Porst 1985: 14f;
       Braun und Mohler 1991: 7ff; Wasmer u.a. 1996: 6f.

Von seinen inhaltlichen Zielsetzungen her ist der ALLBUS in erster Linie ein Projekt der *Datengenerierung* für Sozialwissenschaftler, die diese Daten zur Prüfung von Hypothesen über die Sozialstruktur der Bundesrepublik, über Wertorientierungen und Einstellungen, Meinungen und Verhalten ihrer Bevölkerung verwenden wollen. Die Daten werden sofort nach Abschluss der Datenaufbereitungsarbeiten durch das ZA gegen ein geringes Entgelt an Interessenten weitergegeben, die sie für sekundäranalytische Auswertungen verwenden können. Die Möglichkeit, die Umfragen des ALLBUS zu kumulieren, führte schnell zu Stichprobengrößen, die zumindest für sozialwissenschaftliche, nicht regionenbezogene Fragestellungen ähnlich differenzierte Analysen erlauben wie etwa die Daten des Mikrozensus.[22]

Dem Ziel der Datengenerierung gleichberechtigt ist das Ziel des ALLBUS, mit seinen Daten einen Beitrag zu leisten zur *Untersuchung des sozialen Wandels*; jeder einzelne ALLBUS dient als Instrument der Sozialberichterstattung. In diesem Zusammenhang ist auch die Bedeutung des ALLBUS als Beitrag zur *international vergleichenden Gesellschaftsanalyse* zu sehen.

Bleibt der ALLBUS als Instrument der *Methodenentwicklung*: Durch begleitende Methodenforschung soll der ALLBUS zur Weiterentwicklung der Methoden der empirischen Sozialforschung beitragen. Auch durch die explizite Festlegung methodischer Standards bei der Vorbereitung, Durchführung und Aufbereitung der ALLBUS-Umfragen, durch eine umfangreiche Dokumentation der Stichproben- und Erhebungsverfahren und die bewusste Offenlegung von Fehlern und Schwächen soll der ALLBUS hier seinen Beitrag leisten und als eine exemplarische Bevölkerungsumfrage in der Methodenlehre zum Einsatz kommen.

---

[22] Der Mikrozensus wird in Deutschland seit 1957 als jährliche (erfasst werden 1% der deutschen Wohnbevölkerung) und dreimal jährliche (0,1%) Erhebung durchgeführt; die Teilnahme ist für die ausgewählten Haushalte verpflichtend. Als staatliche Repräsentativstatistik der Bevölkerung und des Erwerbslebens soll er zugleich der Beobachtung der sozioökonomischen Grundstruktur Deutschlands wie auch der Arbeitsmarktbeobachtung dienen (vgl. Esser u.a. 1989; Lüttinger und Riede 1997; Schimpl-Neimanns 1998).

Aus diesem Ziel ergeben sich als allgemeine methodische Zielsetzungen des ALLBUS, dass seine Fragen

☐ bereits in früheren nationalen Umfragen – auch in früheren
ALLBUSsen – gestellt worden sind, sich methodisch bewährt haben und wissenschaftlich diskutiert sind (Kriterium
der Fragenkontinuität),

☐ sich dem besonderen Charakter der allgemeinen Bevölkerungsumfrage einpassen lassen, also nicht zu aufwendig und
nicht nur von bestimmten Teilpopulationen beantwortbar
sind (Kriterium der Methodenkonformität),

☐ international vergleichbar sind (Kriterium der internationalen Vergleichbarkeit) und

☐ mit anderen Variablen bzw. Variablenkomplexen des Fragenprogramms in einem kausalen explanatorischen Zusammenhang stehen (Kriterium der Theoriebezogenheit).

Betrachten wir jetzt zunächst, wie sich die Zielsetzungen des ALL-
BUS in der Praxis bewährt haben, und schließen wir den ersten Teil
unserer Betrachtungen dann mit einem Überblick über die bisherigen
ALLBUS-Umfragen unter methodisch-technischen Gesichtspunkten
ab.

4.3   Zielerreichung

Unter der Überschrift „Zielerreichung" haben wir zu fragen, wie sich
die vier Zielsetzungen des ALLBUS – Datengenerierung, Untersuchung des sozialen Wandels, internationaler Gesellschaftsvergleich,
Methodenentwicklung – seit 1980 haben in die Realität umsetzen
lassen.

Das Ziel, der Profession Daten für Sekundäranalysen zur Verfügung zu stellen, kann uneingeschränkt als erreicht bezeichnet werden;
als Indikator möge die Zahl der (bekannten) Publikationen dienen,
die unter Verwendung von ALLBUS-Daten entstanden sind. Bereits
in der ersten Projektphase wurde die sogenannte „ALLBUS-
Bibliographie" als Sammlung von auf ALLBUS-Daten basierenden

oder sie verwendenden Arbeiten implementiert; sie enthielt in ihrer ersten Fassung 29 Titel, den Hinweis auf die Verwendung von ALL-BUS-Daten in Lehrveranstaltungen an 19 Hochschulen in Deutschland und auf 68 Bestellungen des Datensatzes beim Zentralarchiv (Porst 1982). Nach neuesten Informationen umfasst die ALLBUS-Bibliographie derzeit ca. 670 Arbeiten mit ALLBUS-Daten; in den Jahren 1996 bis 1998 wurden beim ZA fast 1.300 Codebücher (ohne CD-Rom), allein 1998 mehr als 2.000 Datensätze (davon insgesamt 1.740 auf 145 CD-ROMs) zum ALLBUS bestellt.

Für die Analyse des sozialen Wandels stelle der ALLBUS bereits nach 10 Jahren – so Braun und Mohler (1991: 11) – „nunmehr eine ausgezeichnete Basis" dar. Im Jahr 2000 zum elften bzw. einschließlich der Baseline-Studie 1991 zum zwölften Mal ist in zweijährigem Rhythmus mit dem ALLBUS ein repräsentativer Querschnitt der Wahlbevölkerung in der Bundesrepublik und Westberlin, seit 1991 in ganz Deutschland, erhoben worden. Befragt werden jeweils ca. 3.000 vermittels einer Zufallsstichprobe ausgewählte Personen. Die inhaltlichen Schwerpunkte der bisherigen ALLBUS-Befragungen waren:

1980	Einstellungen zu Verwaltungen und Behörden, Einstellungen zu politischen Themen, Freundschaftsbeziehungen
1982	Religion und Weltanschauungen
1984	Soziale Ungleichheit und Wohlfahrtsstaat
1986	Bildung und Kulturfertigkeiten
1988	Einstellungen zum politischen System, politische Partizipation
1990	Sanktion und abweichendes Verhalten, Einstellungen zu Verwaltungen und Behörden (Replikation ALLBUS 1980), Freundschaftsbeziehungen
1991	DFG-Baseline-Studie: Replikation kleinerer Schwerpunkte bisheriger ALLBUS-Umfragen zu Familie, Beruf, Ungleichheit und Politik
1992	Religion und Weltanschauungen (Replikation ALLBUS 1982)
1994	Soziale Ungleichheit und Wohlfahrtsstaat (Replikation ALLBUS 1984)
1996	Einstellungen zu ethnischen Gruppen in Deutschland

| 1998 | Politische Partizipation und Einstellungen zum politischen System, Mediennutzung und Lebensstile |
| 2000 | Replikation von Fragen aus verschiedenen ALLBUS-Themenbereichen |

Die breite Ausrichtung der Themen der ALLBUS-Befragungen „deckt ein weites Feld von Bereichen der Soziologie und politischen Wissenschaft ab, für die eine kontinuierliche Erhebung notwendig ist und für die Daten aus anderen Erhebungsprogrammen nicht zur Verfügung stehen" (Braun und Mohler 1991: 10).

Das Ziel des internationalen Gesellschaftsvergleiches führte bereits in der Anfangsphase der ALLBUS-Geschichte zu bilateralen Kooperationen mit ausländischen Forschungseinrichtungen, vor allem mit dem National Opinion Research Center (NORC) in Chicago, das den amerikanischen General Social Survey – die wesentliche Vorbildstudie für den ALLBUS (Porst 1985: 13) – durchführt. 1993 trafen sich in London Vertreter von ZUMA mit Wissenschaftlern des NORC, des Social and Community Planning Research Center (SCPR) in London und der Research School of Social Sciences (RSSS) der Australian National University in Canberra, um ein gemeinsames Umfrageprojekt aus der Wiege zu heben. Im Rahmen dieses sogenannten *International Social Survey Program (ISSP),* dem mittlerweile 34 Mitgliedsländer angehören, werden alljährlich gemeinsame Umfragen durchgeführt. Auch diese Umfragen haben – das Ziel ist die Beobachtung des sozialen Wandels – replikativen Charakter (Näheres zum ISSP vgl. Kapitel 6.2.3).

Die besondere Bedeutung des ISSP liegt zum einen darin, dass es sich um ein Projekt handelt, das in seiner Zusammensetzung und Kontinuität in der international vergleichenden Sozialforschung einmalig ist, zum andern, dass es eine Themenvielfalt bietet, die sich von den meisten internationalen Studien, die sich zumeist auf einen inhaltlichen Bereich konzentrieren, unterscheidet. Dadurch „kann das ISSP einen entscheidenden Beitrag dazu leisten, die Entwicklung der international vergleichenden Sozialforschung langfristig systematisch voranzutreiben" (Braun und Mohler 1991: 13). Damit wäre bereits ein Aspekt der Methodenforschung und -entwicklung angesprochen, der mit dem ALLBUS verbunden ist.

Durch die explizite Festlegung und Publizierung methodischer Standards bei der Vorbereitung, Durchführung und Aufbereitung der ALLBUS-Umfragen, durch eine umfangreiche Dokumentation der Stichproben- und Erhebungsverfahren und die bewusste Offenlegung von Fehlern und Schwächen trägt der ALLBUS zur Weiterentwicklung der Umfragemethodik bei. Besondere Bedeutung kommt hier den sogenannten „Methodenberichten" zu, die für jeden ALLBUS (zuletzt Koch u.a. 1999 für den '98er ALLBUS) detailliert Auskunft geben über die Auswahl der Fragen und die Konstruktion des Fragebogens, über den Stichprobenplan, den Feldverlauf und die Stichprobenausschöpfung, über die Interviewer und die Interviewsituation. Ein weiterer wichtiger Beitrag des ALLBUS zur Methodenentwicklung resultiert aus – die ALLBUS-Befragung begleitenden – eigenständigen Methodenstudien, etwa zu Interviewereffekten (Schanz und Schmidt 1984), zur internationalen Vergleichbarkeit von Einstellungsskalen (Faulbaum 1984), zur Test-Retest-Reliabilität von Umfragedaten (Bohrnstedt u.a. 1987), zum Thema Nonresponse (Erbslöh und Koch 1988) oder zur Anwendung von Gewichtungsverfahren zum Ausgleich von Nichtteilnahme (Rothe 1989). Wenngleich in jüngerer Zeit auf separate Methodenstudien verzichtet worden ist, bietet der ALLBUS nach wie vor eine Fülle von Möglichkeiten, sich mit methodischen Fragen auseinander zusetzen, zuletzt etwa durch die Notwendigkeit der Ost-Erweiterung des ALLBUS im Jahre 1991 (Gabler 1994) oder durch den Umstieg auf ein neues Stichprobenverfahren im Jahre 1994 und die Konsequenzen dieses Umstieges (Koch u.a. 1994, Koch 1997a, b).

4.4   Übersicht über den ALLBUS aus methodisch-technischer Sicht

Die folgende Übersicht (Seite 32 - 37) zeigt Konstanz und Veränderungen im Verlauf des ALLBUS-Programmes selbst; Vergleichskriterien sind die Grundgesamtheit, das Auswahlverfahren, die Stichprobe, der Befragungszeitraum, die Art der Befragung und das

Erhebungsinstitut. Man sieht auch hier – mehr Wandel denn Konstanz:[23]

Mit der Übersicht schließen wir den ersten, einführenden Teil des Buches ab. Der Betrachterin bzw. dem Betrachter werden in der Übersicht manche Dinge auffallen, die sich über die Zeit verändert haben. Auf die eine oder andere dieser Veränderungen werden wir an späterer Stelle noch zurückkommen, z.B. auf das veränderte Stichprobenverfahren seit 1994. Hier wie auch bei einigen anderen Veränderungen wird zu fragen sein, ob und wie sie sich auf die Zeitreihenfähigkeit der ALLBUS-Daten auswirken. Dass durch Veränderungen dieser Art gegen die Norm der exakten Replikation verstoßen wird, steht außer Zweifel. Wie wir aber schon erwähnt hatten, sind der Einlösung dieser Norm in der Realität des Feldgeschehens ohnehin enge Grenzen gesetzt.

---

[23] Die Übersicht ist entnommen aus dem Methodenbericht zum ALLBUS 1998 (Koch u.a. 1999).

Übersicht 1:   *ALLBUS 1980–1984*

	ALLBUS 1980	*ALLBUS 1982*	*ALLBUS 1984*
Grundgesamtheit	Alle Personen mit deutscher Staatsangehörigkeit, die in der Bundesrepublik Deutschland (incl. West-Berlin) in Privathaushalten wohnen und bis zum Zeitpunkt der Befragung das 18. Lebensjahr vollendet hatten		
Auswahlverfahren	Zufallsstichprobe aus der Grundgesamtheit in drei Stufen:		
	1. Stufe: zufällig ausgewählte Stimmbezirke		
	630 Stimmbezirke, d.h. 3 Netze mit je 210 Stimmbezirken aus der ADM-Hauptstichprobe[24]		
	2. Stufe: zufällig ausgewählte Haushalte in den Stimmbezirken		
	Adress Random	Adress Random	Random Route
	3. Stufe: Zufallsauswahl jeweils einer Befragungsperson aus den zur Grundgesamtheit zählenden Haushaltsmitgliedern		
Stichprobe: - Ausgangsbrutto - bereinigtes Brutto - auswertbare Interviews - davon befragte Ausländer	N=4.620 N=4.253 N=2.955 --	N=4.562 N=4.291 N=2.991 --	N=4.554 N=4.298 N=3.004 --
Befragungszeitraum	7. 1. - 29. 2.	20. 2. -31. 3. 19. 4. -31. 5.	12. 3. -5. 6.
Art der Befragung	Mündliche Interviews mit vollstrukturiertem Fragebogen		
Erhebungsinstitut	GETAS	GETAS	GETAS

---

[24]   Das ADM-Stichprobenverfahren ist von der Arbeitsgemeinschaft Deutscher Marktforschungsinstitute (ADM) entwickelt worden, um Stichproben für nationale Repräsentativbefragungen zu gewinnen; es handelt sich dabei um ein mehrstufiges, geschichtetes Ziehungsverfahren. Näheres dazu findet sich in Kapitel 5.2 über „Grundgesamtheiten und Stichproben".

ALLBUS 1986–1990

	ALLBUS 1986	*ALLBUS 1988*	*ALLBUS 1990*
Grundgesamtheit	Alle Personen mit deutscher Staatsangehörigkeit, die in der Bundesrepublik Deutschland (incl. West-Berlin) in Privathaushalten wohnen und bis zum Zeitpunkt der Befragung das 18. Lebensjahr vollendet hatten		
Auswahlverfahren	Zufallsstichprobe aus der Grundgesamtheit in drei Stufen:		
	1. Stufe: zufällig ausgewählte Stimmbezirke		
	689 Stimmbezirke als geschichtete Unterstichprobe aus 16 Netzen der ADM-Hauptstichprobe	Wie ALLBUS 1980-1984	630 Stimmbezirke nach ADM-analogem Vorgehen aus Infas-eigenem Ziehungsband
	2. Stufe: zufällig ausgewählte Haushalte in den Stimmbezirken		
	Random Route	Random Route	Adress Random
	3. Stufe: Zufallsauswahl jeweils einer Befragungsperson aus den zur Grundgesamtheit zählenden Haushaltsmitgliedern		
Stichprobe:			
- Ausgangsbrutto	N=5.512	N=4.620	N=5.204
- bereinigtes Brutto	N=5.275	N=4.509	N=5.054
- auswertbare Interviews	N=3.095	N=3.052	N=3.051
- davon befragte Ausländer	--	--	--
Befragungszeitraum	20. 3. -15. 5.	26. 4. - 5. 7.	12. 3. -25. 5.
Art der Befragung	Mündliche Interviews mit vollstrukturiertem Fragebogen und schriftliche Befragung als „drop-off"		
Erhebungsinstitut	Infratest	GFM-GETAS	Infas

ALLBUS 1991–1992 (I)

	ALLBUS 1991 (Baseline-Studie)	ALLBUS 1992
Grundgesamtheit	Alle erwachsenen Personen (Deutsche und Ausländer), die in der Bundesrepublik Deutschland (West und Ost) in Privathaushalten wohnen. Ausländische Personen wurden nur dann befragt, wenn das Interview in deutscher Sprache durchgeführt werden konnte.	
Auswahlverfahren	Getrennte Stichproben für Westdeutschland (incl. West-Berlin) und Ostdeutschland (incl. Ost-Berlin)	

Zufallsstichprobe aus der Grundgesamtheit in drei Stufen:

1. Stufe:
zufällig ausgewählte Stimmbezirke/Sample-Points

West	Ost	West	Ost
314 Stimmbezirke als geschichtete Zufallsauswahl aus den zur Verfügung stehenden 3.500 Stimmbezirken der ADM-Hauptstichprobe	408 Sample-Points aus dem Infratest-Mastersample von Gemeinden	504 Stimmbezirke als geschichtete Zufallsauswahl aus den zur Verfügung stehenden 3.500 Stimmbezirken der ADM-Hauptstichprobe	297 Sample-Points aus dem Infratest-Mastersample von Gemeinden

2. Stufe: zufällig ausgewählte Haushalte in den Stimmbezirken/Sample-Points

Random Route

3. Stufe: Zufallsauswahl jeweils einer Befragungsperson aus den zur Grundgesamtheit zählenden Haushaltsmitgliedern

ALLBUS 1991–1992 (II)

	ALLBUS 1991 (Baseline-Studie)		ALLBUS 1992	
Stichprobe:	West	Ost	West	Ost
- Ausgangsbrutto	N=2.900	N=2.720	N=4.650	N=2.100
- bereinigtes Brutto	N=2.875	N=2.712	N=4.625	N=2.100
- auswertbare Inter- views	N=1.514	N=1.544	N=2.400	N=1.148
- davon befragte Ausländer	37	4	77	7
Befragungszeitraum	24.5.-10.7.	24.5.-17.7.	2.5.-17.6.	11.5.-17.6.
Art der Befragung	Mündliche Interviews mit vollstrukturiertem Frage- bogen und schriftliche Befragung als „drop-off"			
Erhebungsinstitut	Infratest		Infratest	

ALLBUS 1994 (I)

	ALLBUS 1994
Grundgesamtheit	Alle erwachsenen Personen (Deutsche und Auslän- der), die in der Bundesrepublik Deutschland (West und Ost) in Privathaushalten wohnen. Ausländische Personen wurden nur befragt, wenn das Interview in deutscher Sprache durchgeführt werden konnte.
Auswahlverfahren	Getrennte Stichproben für Westdeutschland (incl. West-Berlin) und Ostdeutschland (incl. Ost-Berlin)
	Zufallsstichprobe aus der Grundgesamtheit in zwei Stufen:
	1. Stufe: zufällig ausgewählte Gemeinden/Sample-Points
	West 104 Gemeinden mit 111 Sample-Points / Ost 47 Gemeinden mit 51 Sample-Points

ALLBUS 1994 (II)

	2. Stufe: Zufallsauswahl von Personen aus den Einwohnermelderegistern aus den zur Grundgesamtheit des ALLBUS zählenden Einwohnern der Gemeinden	
Stichprobe: - Ausgangsbrutto - bereinigtes Brutto - auswertbare Interviews - davon befragte Ausländer	West N=4.440 N=4.402 N=2.342 153	Ost N=2.040 N=2.007 N=1.108 3
Befragungszeitraum	3. 2. - 8. 5.	3. 2. -21. 4.
Art der Befragung	Mündliche Interviews mit vollstrukturiertem Fragebogen und schriftliche Befragung als „drop-off"	
Erhebungsinstitut	Infratest	

ALLBUS 1996–1998 (I)

	ALLBUS 1996	*ALLBUS 1998*
Grundgesamtheit	Alle erwachsenen Personen (Deutsche und Ausländer), die in der Bundesrepublik Deutschland in Privathaushalten wohnen. Ausländische Personen wurden nur dann befragt, wenn das Interview in deutscher Sprache durchgeführt werden konnte.	
Auswahlverfahren	Getrennte Stichproben für Westdeutschland (incl. West-Berlin) und Ostdeutschland (incl. Ost-Berlin)	
	Zufallsstichprobe aus der Grundgesamtheit in zwei Stufen: (Einwohnermelderegister-Stichprobe):	Zufallsstichprobe aus der Grundgesamtheit in drei Stufen: (ADM-Design):
	1. Stufe: zufällig ausgewählte Gemeinden/Sample-Points	1. Stufe: zufällig ausgewählte Stimmbezirke

ALLBUS 1996–1998 (II)

	ALLBUS 1996		ALLBUS 1998	
	West 104 Ge- meinden mit 111 Sample- Points	Ost 47 Ge- meinden mit 51 Sample- Points	420 Stimmbe- zirke (2 Netze mit je 210 Stimmbe- zirken) aus der ADM- Haupt- stichprobe	192 Stimmbe- zirke (2 Netze mit je 2x48 Stimmbe- zirken) aus der ADM- Haupt- stichprobe
	2. Stufe: Zufallsauswahl von Personen aus den Einwohnermelderegis- tern aus den zur Grund- gesamtheit zählenden Einwohnern der Ge- meinden		2. Stufe: zufällig ausge- wählte Hauhalte in den Stimmbezirken nach dem Random-Route- Verfahren mit Adreß- Vorlauf	
			3. Stufe: Zufallsauswahl jeweils einer Befra- gungsperson je Haushalt aus den zur Grundge- samtheit zählenden Haushaltsmitgliedern (Kish-table)	

Stichprobe:
- Ausgangsbrutto
- bereinigtes Brutto
- auswertbare Inter-
  views
- davon befragte
  Ausländer
	West
	N=4.440
	N=4.430
	N=2.402
	
	209
		Ost
		N=2.040
		N=2.058
		N=1.116
		
		3
			West
			N = 4.200
			N = 3.994
			N = 2.212
			
			142
				Ost
				N = 1.728
				N = 1.648
				N = 1.022
				
				10

Befragungszeitraum	29.2. - 1.7.		9.3. - 26.7.	
Art der Befragung	Mündliche Interviews mit vollstrukturiertem Fragebogen und schrift- licher „drop-off"		Mündliche Interviews mit vollstrukturiertem Fragebogen	
Erhebungsinstitut	Infratest		GFM-GETAS	

5. Fragenprogramm, Datenerhebung und methodische Probleme

Um einen ersten Überblick über den ALLBUS zu geben, haben wir bis jetzt

- ☐ die Zielsetzungen beschrieben, die mit dem ALLBUS verbunden sind,
- ☐ in knappen Zügen die wichtigsten Etappen der Entwicklung der Umfrageforschung dargestellt,
- ☐ replikative Surveys als Instrument zur Messung sozialen Wandels angesprochen und
- ☐ einen kurzen Abriss des ALLBUS aus inhaltlicher wie auch aus methodisch-technischer Sicht gegeben.

Wir versuchen nun im folgenden, die Erfahrungen, die wir mit dem ALLBUS und anderen Umfragen gemacht haben, zu verallgemeinern und beschäftigen uns ab jetzt mit Problemen der *Vorbereitung und Durchführung von Umfragen*. Selbstverständlich werden wir den ALLBUS dabei nicht ganz aus den Augen verlieren, brauchen wir ihn doch zur Illustration diverser Überlegungen.

Wir beginnen mit Überlegungen zum *Fragenprogramm* und zur *Fragebogenerstellung* (Kap. 5.1). Wir beschäftigen uns dann mit *Grundgesamtheiten und Stichproben* (Kap. 5.2) sowie mit der *Durchführung von Befragungen* und damit verbundenen *Feldproblemen* (Kap. 5.3). Nach einer Auseinandersetzung mit *methodischen Aspekten der Qualität von Umfragen* (Kap. 5.4) wenden wir uns abschließend *methodischen Grundsatzfragen* bei der Durchführung von Umfragen zu (Kap. 5.5), wobei wir uns vor allem mit alternativen Stichprobendesigns und alternativen Befragungsmethoden befassen werden.

Wir wollen damit einen Eindruck vermitteln, wie ein Forschungsprogramm innerhalb der Umfrageforschung in die Praxis umgesetzt wird und welche Schwierigkeiten dabei auftreten können. Wir verstehen diesen Teil des Buches als eine *praktische Handlungsanwei-*

sung für die Planung und Durchführung sozialwissenschaftlicher Umfragen.

5.1 Fragenprogramm und Fragebogenerstellung

Dass die Durchführung einer Umfrage das Vorhandensein eines *Fragenprogramms* voraussetzt, ist als Aussage trivial – alles andere als trivial hingegen sind Aufwand und Bemühungen bei der Entwicklung eines solchen Fragenprogramms. Dieser intellektuellen Leistung folgt die eher technisch-methodische Arbeit der Umsetzung des Fragenprogramms in einen *Fragebogen*, wobei man aber nicht übersehen sollte, dass die Konstruktion eines Fragebogens nur dann zu einem befriedigenden Ergebnis führen wird, wenn dabei neben Intuition, Sprachgefühl und Erfahrung auch wissenschaftliche Erkenntnisse über die bei einer Befragung ablaufenden Prozesse Berücksichtigung finden. Da selbst hochkarätige Umfrageforscher feststellen, dass man einen guten Fragebogen nicht am „grünen Tisch" entwickeln kann – „Even after years of experience, no expert can write a perfect questionnaire" (Sudman und Bradburn 1983: 283) – werden wir uns in diesem Zusammenhang auch mit der Durchführung und der Auswertung von *Pretests* zu beschäftigen haben.

5.1.1 Das Fragenprogramm

Wie in jedem Forschungsprojekt so ist auch bei Projekten der Umfrageforschung Neugierde aller Forschung Anfang. Ganz zu Beginn eines Forschungsvorhabens, lange bevor man sich Gedanken über das Fragenprogramm zu machen braucht, steht deshalb die *Definition des Forschungsziels*.

Der Forscher – oder die Forscherin – hat sich zu fragen, was denn eigentlich das Ziel der geplanten Forschungsarbeit sein soll, was ihn oder sie interessiert, was er/sie „rauskriegen" will. Auslöser für die Definition des Forschungsziels können z.B. sein:

☐ wissenschaftliches Interesse an einer Thematik,

☐ eigene frühere oder rezipierte Forschungsarbeiten,

☐ Vorantreiben der eigenen Karriere,

☐ die Wahrnehmung eines sozialpolitischen Problems in den Medien,

☐ die Aufforderung des Professors, sich mal mit dem Thema xyz zu beschäftigen oder auch

☐ ein entsprechender Auftrag eines beliebigen Geldgebers.

So unterschiedlich diese Motive auch sein können, eines ist ihnen gemeinsam: Sie stellen *legitime Auslöser* für die Definition eines Forschungszieles dar.

Nachdem man oder frau – auf welchem Wege auch immer – festgelegt haben, was ihr Forschungsziel sei, haben sie sich näher mit dem Thema zu beschäftigen. Da es nur wenig wirklich Neues in der Welt (zumindest in der Welt der Sozialforscher) gibt, können wir grundsätzlich davon ausgehen, dass zu jedem Thema, das wir bearbeiten wollen, bereits gedrucktes – neuerdings digitalisiertes und via Internet zu empfangendes – Material vorliegt. Die *Bearbeitung der vorhandenen Literatur* (der konventionellen wie der digitalisierten) stellt grundsätzlich einen guten Einstieg in die von uns zu behandelnde Problematik dar. Vermittels der *wissenschaftlichen* Literatur zum Thema verschaffen wir uns einen Überblick über den Stand der Forschung, wir finden Angebote für die Auswahl eines theoretischen Bezugsrahmens, Hilfestellung bei der Formulierung unserer Hypothesen. Ganz allgemein erhalten wir aus der Literatur vielfältige Anregungen, die für unsere weitere Forschungsarbeit von großer Bedeutung sein können.

Der nächste Schritt (der zeitlich auch parallel zum Literaturstudium stehen kann)[25], besteht in der *Formulierung eines theoretischen Bezugsrahmens* für unsere Fragestellung. Wir haben – oft unter konkurrierenden Ansätzen – einen allgemeinen theoretischen Rahmen auszuwählen, der als Grundlage für Erklärung oder Prognose dienen kann.[26] Neben der Entscheidung zwischen Erklärung und Prognose

---

[25] Die meisten der hier beschriebenen Schritte können zeitlich hintereinander, aber ebenso gut auch zeitlich parallel ablaufen.

[26] Bei einer Erklärung liegt ein bestimmter sozialer Tatbestand vor, und man sucht nach den Anfangsbedingungen und Ursachen dieses Tatbe-

steht die inhaltliche Definition der zentralen unabhängigen und abhängigen Variablen an.

Am Ende der theoretischen Vorarbeiten ist schließlich die *Generierung der Hypothesen* zu leisten, also die Explikation der aus dem theoretischen Rahmen und der Literatur ableitbaren kausalen und korrelativen Zusammenhänge. Da wir diese dann später auch in empirischen Studien – in unserem Falle durch eine Befragung – nachweisen wollen, müssen wir uns jetzt Gedanken machen über unser *Fragenprogramm*.[27]

Diesem *Idealbild* des Ablaufes der ersten Schritte eines Umfrageforschungsprojektes bis hin zum Fragenprogramm wird der ALLBUS aufgrund seiner Konzeption und seiner Zielsetzungen nicht gerecht. Zumindest in seinen Anfängen war er aufgrund seines *Replikationsanspruches* zur Übernahme bereits vorhandener Fragen genötigt; als *Mehrthemenbefragung* („Omnibus") ist er nur bedingt geeignet, komplette Forschungsprogramme in die Umfragepraxis zu transferieren. Der Forscherin und dem Forscher, die ALLBUS-Daten *sekundäranalytisch* auswerten wollen, sind durch die in den ALLBUS-Umfragen vorgegebenen Themenfelder und Fragen enge Grenzen gesetzt.

Wie kommt also – abweichend vom Idealbild – das Fragenprogramm des ALLBUS zustande? Welche Rahmenbedingungen sind zu beachten?

Gehen wir zunächst zurück zu den Anfängen. Angetreten mit dem Anspruch, *soziologisch relevante* Themen *zeitreihenfähig* – oder sagen wir eher: zunächst einmal auf Fragen und Daten aus früheren Studien aufbauend – mit dem Instrument der *Mehrthemenbefragung* empirisch zu bearbeiten, musste es in erster Linie darum gehen, inhaltlich an deutsche Umfragetraditionen anzuknüpfen. Forschungstraditionen dieser Art gab es zwar, etwa im Rahmen...

☐ der Bildungssoziologie,
☐ der Familiensoziologie,

---

standes sowie nach einer Theorie bzw. nach Gesetzesaussagen zu seiner Erklärung; bei der Prognose sind Anfangsbedingungen und Theorie gegeben, und man sucht nach einem zukünftigen Tatbestand.

27   Zum Ablauf eines Forschungsprogramms in der empirischen Sozialforschung siehe auch Kromrey (1991).

- ☐ der Soziologie der Arbeit, der Industrie- und Betriebssoziologie,
- ☐ der Religionssoziologie oder
- ☐ der Forschung zur sozialen Schichtung und sozialen Ungleichheit,

doch zeigte sich bald, dass zahlenmäßig nur ein geringes Angebot an methodisch bewährten und inhaltlich fruchtbaren Fragen und Instrumenten in den Fragebogen aus Studien dieser Bereiche existierte, deren Daten – das war ja für den Zeitvergleich wichtig – über das Zentralarchiv für empirische Sozialforschung in Köln (oder sonst irgendwie) allgemein zugänglich waren. Die eigentlich einzige Ausnahme war der Bereich der *Wahlforschung*, vor allem aufgrund der seit 1953 regelmäßig durchgeführten Bundestagswahlstudien; dieser Bereich wiederum war für den ALLBUS eher unbedeutend, weil er von den Wahlforschern ohnehin systematisch weitergeführt wurde und der ALLBUS nicht in Konkurrenz zu diesen Studien geraten wollte.[28] So befand man sich also zunächst in der „Münchhausenähnlichen Situation, eine auf Zeitreihen zielende Forschungskontinuität begründen zu müssen, ohne sich an gangbare Forschungstraditionen anschließen zu können" (Mayer 1984: 17).

Andererseits gab es natürlich eine Vielzahl von Fragen aus älteren Studien, die zwar aus irgendwelchen Gründen nur bedingt geeignet waren, den hohen Ansprüchen an die inhaltlichen und/oder methodischen Kriterien des ALLBUS-Konzeptes gerecht zu werden, aber immerhin den Grundstock für das ALLBUS-Fragenprogramm bilden konnten. Diese galt es zunächst zu sammeln[29] und dann formal und den ALLBUS-Zielsetzungen entsprechend zu systematisieren.

Bei der formalen Systematisierung wurde zunächst, einem für die Umfrageforschung traditionellen Standard folgend, unterschieden zwischen „objektiven" oder besser „härteren" Hintergrundsmerkmalen[30] sowie auf objektive Betroffenheiten, Versorgungsniveaus und

---

[28] Und auch gar nicht hätte zu einer Konkurrenz werden können.

[29] was nebenbei gesagt zu zwei mit „alten" Fragen prall gefüllten Aktenordnern führte

[30] oft als „statistische", besser als „demographische" Fragen bezeichnet. Fragen dieser Art wie etwa diejenige nach der Schulbildung oder der beruflichen Tätigkeit sollen zu demographischen und sozialstrukturellen

Verhaltensweisen abzielende Informationsfragen einerseits und auf Einstellungsfragen im weitesten Sinne andererseits, wobei das zugrundegelegte Systematisierungsschema beide Bereiche noch weiter ausdifferenzierte (s. Porst 1985: 44/45).

Während die Zusammenstellung von Fragen zu relevanten Hintergrundsmerkmalen (wie z.B. Alter, Geschlecht, Schulbildung, berufliche Ausbildung, berufliche Tätigkeit, Einkommen der befragten Person und ihres Haushaltes) eher unproblematisch war – konnte man doch auf die damals bereits recht gut bewährte ZUMA-Standarddemographie als einem bei ZUMA entwickelten System von Fragen zur Erfassung der wichtigsten demographischen und sozialstrukturellen Hintergrundsmerkmale des Befragten und seiner engsten Familienangehörigen zurückgreifen[31] – stellte sich bei den Einstellungsfragen das Problem der Auswahl: Da die Grundmenge der potentiellen Einstellungsfragen für den ALLBUS 1980 im Prinzip aus allen jemals in deutschen sozialwissenschaftlichen Repräsentativbefragungen erhobenen Fragen bestand (sofern sie sich dem oben erwähnten Systematisierungsschema einpassen ließen), mussten Kriterien entwickelt werden, die eine systematische Auswahl von Fragen aus dieser Grundmenge zuließ und sich mit den Zielsetzungen des ALLBUS einerseits, mit den Beschränkungen des Instruments der repräsentativen Mehrthemenbefragung andererseits in Einklang bringen ließen.

Parallel zur Auswahl diesen Kriterien (Fragenkontinuität, Methodenkonformität, internationale Vergleichbarkeit und Theorieprüfung; vgl. Kapitel 4.2) entsprechender „alter" Fragen wurde die Beteiligung am Fragenprogramm für den ALLBUS 1980 professionsöffentlich ausgeschrieben; insgesamt reichten damals etwa 50 Sozialwissenschaftler Fragenvorschläge ein. Diese beiden Vorgehensweisen – interne Materialsammlung und externe Ausschreibung – gemeinsam

---

Grundinformationen über die befragte Person und ihre engsten Familienangehörigen führen.

[31] damals dokumentiert bei Pappi (1979), zuletzt als Ergebnis intensiver Weiterentwicklungen in Form einer gemeinsamen Empfehlung des Arbeitskreises Deutscher Markt- und Sozialforschungsinstitute e.V. (ADM), der Arbeitsgemeinschaft Sozialwissenschaftlicher Institute e.V. (ASI) und des Statistischen Bundesamtes bei Statistisches Bundesamt (1999).

führten zu einem Grundstock potentieller Fragen für den ALLBUS 1980, der dem Antragstellergremium des ALLBUS vorgelegt wurde, welches schließlich die Fragen für die erste ALLBUS-Umfrage auswählte. Diese Fragen wurden dann in einen Fragebogen umgesetzt, der einem ersten Pretest (Näheres zum Pretest siehe Kapitel 5.1.3) unterzogen wurde.

Diese Vorgehensweise bei der Vorbereitung eines ALLBUS hat im Prinzip bis heute ihre Gültigkeit behalten. Geändert hat sich allerdings, dass der ALLBUS mehr und mehr zur Selbst-Replikation älterer ALLBUS-Umfragen übergegangen ist und dass – zumindest vor dem Start des ISSP-Programms – auf internationale Absprachen Rücksicht genommen worden ist (Vergleichbarkeit etwa mit dem General Social Survey des National Opinion Research Center NORC der University of Chicago). Das Fragenprogramm wird heute – unter gezieltem Rückgriff auf externe Expertisen – bei ZUMA vorbereitet und durch den wissenschaftlichen Beirat des ALLBUS, der mittlerweile als „ALLBUS-Ausschuß" firmiert, definiert und verantwortet. Auf diese Weise kamen die in Kapitel 1.4.3 angeführten inhaltlichen Schwerpunkte der bisherigen ALLBUS-Umfragen zustande.

Trotz des Versuches, durch Wechsel im ALLBUS-Ausschuß neue Forschungsgebiete in den ALLBUS einzubringen und trotz gezielter Anfragen bei in bestimmten thematischen Bereichen ausgewiesenen Fachkollegen, gibt es eine Reihe von inhaltlichen Bereichen, die in den bisherigen Umfragen nur unzureichend thematisiert worden sind; dazu gehören u.a. die Werteforschung, Fragen zu Europa, Fragen zu Umwelt und Technik, Gesundheit und Medizin, Fragen zum Konsum sowie vor allem Fragen zu aktuellen gesellschaftlichen Problemlagen. Besonders die Beschäftigung mit solchen aktuellen Fragen könnte dem ALLBUS-Fragenprogramm sicherlich mehr an Würze geben, auch wenn die heute aktuellen Probleme im Laufe der Jahre an Aktualität verlieren könnten und dadurch eine Replikation solcher Fragen in zukünftigen Umfragen sinnlos würde. Der jeweils laufenden ALLBUS-Umfrage könnte aber eine gewisse Aktualität nur förderlich sein; im übrigen war die Abfrage aktueller Probleme im ursprünglichen ALLBUS-Konzept und deshalb auch in der Systematik des ALLBUS-Fragenprogramms durchaus vorgesehen gewesen (vgl. Porst 1985: 43ff).

5.1.2 Fragebogenerstellung

Wer sich mit Fragebogen und der Konstruktion von Fragebogen beschäftigt, findet in der Literatur häufig zwar teilweise recht bemühte, aber oft sehr empiristische, sehr punktuelle, nicht verallgemeinerbare und schließlich auch von Fall zu Fall schlicht banale „Ratschläge": Fragen sollten kurz sein, konkret, eindeutig, sie sollten den Befragten nicht überfordern, usw., usw. Nach einer ähnlich allgemeinen Auflistung von Ratschlägen zur Fragebogenentwicklung schreiben z.B. Karmasin und Karmasin (1977: 174):

> „Dieser eher weite und sich nur auf die zentralen Prinzipien beschränkende Raster, der naturgemäß eine Fülle von Variationen zulässt, muss durch das Sprachgefühl des Forschers ergänzt werden, der intuitiv und aus seiner Erfahrung als kompetenter Sprecher der zugrundeliegenden Sprache zu entscheiden hat, welche Formulierung adäquat ist, um für einfache Sprachstile verständlich zu sein, für alle Befragten interpretierbar und geeignet, den fraglichen Sachverhalt zu erfassen."

Wird – mit solcherart wertvollen Hinweisen ausgestattet – die Arbeit des Fragebogengestalters zum Kinderspiel? Mitnichten. Vielmehr tragen Ratschläge und Formulierungen der zitierten Art eher zur Aufrechterhaltung der irrigen Meinung bei, dass die Fragebogengestaltung eine auf individueller Erfahrung basierende „Kunstlehre" sei – der Begriff ist entnommen aus dem Buch von Payne (1951) „The Art of Asking Questions". Dass ältere Publikationen wie Noelle (1963), Mayntz u.a. (1971) oder Scheuch (1973) im Zusammenhang mit der Fragebogenentwicklung den Begriff „Kunstlehre" dem Wort oder dem Sinn nach verwenden, kann durchaus noch nachvollzogen werden; bis in die jüngste Zeit hinein von einer „Kunstlehre des Interviews" zu sprechen (Schnell u.a. 1995: 312) erscheint allerdings nicht mehr (zumindest nicht mehr ganz) angemessen.

Haben doch bereits (oder erst?) Anfang der Achtziger Jahre systematische Versuche begonnen, Fragebogengestaltung als integrierten Bestandteil eines theoretischen Konzepts der Befragung zu verstehen. Sozialpsychologen und Psychologen arbeiten seit dieser Zeit gemeinsam mit Umfrageforschern an der Erforschung der kognitiven und kommunikativen Prozesse, die der Befragungssituation zugrundeliegen, und sie leiten aus ihrer Forschung konkrete Empfehlungen für die Gestaltung von Fragebogen ab (Hippler, Schwarz und Sudman 1987; Schwarz und Strack 1988; Schwarz 1990; Jobe und Loftus 1991; Schwarz 1991; Schwarz und Sudman, Hrsg., 1996; Sudman, Bradburn und Schwarz 1996, um nur einige zu nennen).

Auf solcherart Bemühungen muss man zumindest in Kürze eingehen. Zunächst befassen wir uns aber mit der Frage, was denn ein Fragebogen eigentlich ist und welche Zielsetzungen damit verfolgt werden.

5.1.2.1   Definition und Zielsetzung eines Fragebogens

Was ist eigentlich ein Fragebogen? Versuchen wir zunächst eine Definition (Porst 1996a: 738):

> „Ein Fragebogen ist eine mehr oder weniger standardisierte Zusammenstellung von Fragen, die Personen zur Beantwortung vorgelegt werden mit dem Ziel, deren Antworten zur Überprüfung der den Fragen zugrundeliegenden theoretischen Konzepte und Zusammenhänge zu verwenden. Somit stellt ein Fragebogen das zentrale Verbindungsstück zwischen Theorie und Analyse dar."

Bei der Erstellung eines Fragebogens ist zunächst auf die qualitative und quantitative Übereinstimmung des Instrumentariums mit dem Forschungsziel zu achten. Unter *quantitativer* Übereinstimmung des Fragebogens mit dem Forschungsziel versteht man die *vollständige*, unter *qualitativer* Übereinstimmung die *inhaltlich angemessene* Operationalisierung aller Hypothesen bzw. Variablen des zugrundeliegenden theoretischen Konzepts: Alle theoretischen Begriffe müssen im Fragebogen abgebildet sein; die Frageformulierungen, die Antwortkategorien und die Art der Frage müssen geeignet sein, die angezielten Informationen reliabel (d.h. zuverlässig) und valide (d.h. gültig) zu erfassen.[32] Bereits bei der Entwicklung des Fragebogens ist

---

[32]   Das Konzept der *Zuverlässigkeit* oder *Reliabilität* entstammt der klassischen Testtheorie und setzt sich mit der Stabilität und Genauigkeit von Messungen auseinander; anders ausgedrückt: Reliabilität fragt nach der *Intersubjektivität von Messungen*. Mit den Begriffen *Gültigkeit* oder *Validität* ist die Frage verbunden, ob ein Messinstrument tatsächlich misst, was es zu messen vorgibt; Validität bezieht sich auf die *Angemessenheit der Operationalisierung* eines theoretischen Begriffes.

darauf zu achten, dass zu erwartende (auch unerwünschte) Verhaltensweisen und Reaktionen der Befragungspersonen (man nennt das ganz allgemein „response set") wenn schon nicht ausgeschaltet, so doch möglichst kontrolliert werden können.

Dazu ist es wichtig, die kognitiven und kommunikativen Prozesse zu kennen, die der Befragungssituation zugrundeliegen. Damit wollen wir uns nun in aller Kürze beschäftigen und später auf die eine oder andere Konsequenz daraus zurückkommen.

5.1.2.2   Kognitionspsychologische Grundlagen der Befragung

Die Teilnehmer an einer Befragung haben (vgl. Strack und Martin 1987) mehrere Aufgaben zu lösen. Sie müssen

1.   die gestellte Frage verstehen,
2.   relevante Informationen zum Beantworten aus dem Gedächtnis abrufen,
3.   auf der Basis dieser Informationen ein Urteil bilden,
4.   dieses Urteil gegebenenfalls in ein Antwortformat einpassen und
5.   ihr „privates" Urteil vor Weitergabe an den Interviewer gegebenenfalls „editieren".

Das Abrufen relevanter Informationen gestaltet sich bei Verhaltensfragen und Einstellungsfragen leicht unterschiedlich. Bei *Verhaltensfragen* müssen relevante Ereignisse aus der Vergangenheit erinnert werden, sie sind gegebenenfalls zu datieren, eventuell ist die Zahl der relevanten Ereignisse zu bestimmen oder zu schätzen. Bei *Einstellungsfragen* geht es darum, eine bereits gebildete Meinung zu einem Einstellungsgegenstand zu aktivieren oder relevante Informationen abzurufen, die es erlauben, ein Urteil zum Befragungsgegenstand zu bilden.

Die Suche nach Informationen ist dabei natürlich nicht unbegrenzt. Personen hören auf zu suchen, wenn sie genügend Informationen erinnert haben, um sich mit hinreichender subjektiver Sicherheit ein Urteil bilden zu können. Dieses Urteil beruht primär auf der Information, die der befragten Person in der Befragungssituation *zuerst* in den Sinn kommt.

Information kann chronisch oder situativ verfügbar sein. *Chronisch* bedeutet, die Information ist im Gedächtnis leicht abrufbar, weil man z.b. bereits öfters über den gefragten Sachverhalt nachgedacht hat; *situativ* bedeutet, die Information kommt nur unter bestimmten Bedingungen in Erinnerung, etwa durch das Interview selbst (z.b. aufgrund von anderen Fragen, die im Verlauf des Interview bereits gestellt worden sind).

Die Aufgaben, die der Befragte in der Interviewsituation erledigen muss, werden teilweise dadurch erschwert, dass Befragungen eine ganz spezielle Form der Konversation darstellen und in vielerlei Weise von einer „normalen" Gesprächsführung abweichen. Einige dieser Abweichungen werden in der Befragungssituation im Regelfall ohne große Probleme umgesetzt, z.b. das konzentrierte Fragen und Antworten. Andere Regeln der Alltagskonversation sind schwieriger umzusetzen und bleiben nicht ohne Einfluss auf das Interview und sein Ergebnis. So glauben Befragungspersonen im Einklang mit den *Grundregeln der kooperativen Kommunikation* (vgl. Grice 1975), der Interviewer bzw. der hinter dem Interviewer stehende und durch den Fragebogen repräsentierte Forscher tue alles, um informativ, der Wahrheit folgend, bedeutungsvoll und zielgerichtet sowie eindeutig – oder besser: unzweideutig – zu sein. Weichen der Interviewer oder der Fragebogen von diesen Regeln ab, versucht die Befragungsperson, der gestellten Frage einen subjektiven Sinn zu geben, indem sie den Kontext der Frage auslotet. Dies bleibt nicht ohne Einfluss auf das Antwortverhalten.

Soweit fürs erste der kurze Rekurs auf kognitionspsychologische Grundlagen der Befragung. Wir werden bei Gelegenheit darauf zurückkommen. Zunächst wollen wir uns nun aber mit praktischen Problemen der Fragebogenerstellung beschäftigen.

5.1.2.3   Arten von Fragen

Fragen können nach ihrem Inhalt bzw. ihrer Zielrichtung und nach ihrer Form unterschieden werden. Die Aufteilung nach *inhaltlichen Gesichtspunkten* ist (relativ) beliebig; eine einfache Unterteilung ergibt sich z.B. in Fragen nach Einstellungen oder Meinungen, Fragen nach Überzeugungen und Wertorientierungen, Fragen nach Wissen und Verhalten und Fragen nach Merkmalen der Befragungsperson; die dem ALLBUS zugrundeliegende Aufteilung ist in Kapitel 5.1.1 kurz angerissen worden.

Nach ihrer *Form* können Fragen ebenfalls unterschiedlich unterteilt werden; wichtig ist vor allem die Unterscheidung von Fragen nach dem Grad ihrer Strukturiertheit in geschlossene, halboffene und offene Fragen.

Bei der *offenen* Frage wird nur der Fragetext vorgelesen; es gibt keine Antwortkategorien, die Befragungsperson antwortet in ihren eigenen Worten, und der Interviewer protokolliert ihre Aussage möglichst wörtlich (s. Frage S1):

S1 Welche berufliche Tätigkeit üben Sie in Ihrem Hauptberuf aus?
Bitte beschreiben Sie mir Ihre berufliche Tätigkeit genau.

| *Interviewer*: Bitte genau nachfragen: |

Hat dieser Beruf, diese Tätigkeit noch einen besonderen Namen?

_____

_____

_____

Bei *geschlossenen* Fragen gibt es dagegen eine begrenzte und definierte Anzahl von möglichen Antwortkategorien, in welche die Befragungsperson ihre Antwort einpassen muss; dabei ist zu unterscheiden zwischen Fragen mit *nur einer* zulässigen Antwort (Einfachnennung), bei der sich die Befragungsperson für eine der vorgegebenen Alternativen entscheiden muss (Beispielfrage 10) und Fragen mit *mehr als einer* zulässigen Antwort (Mehrfachnennungen), bei denen sie mehrere der vorgegebenen Kategorien auswählen kann (Beispielfrage 11).

10. Wie stark interessieren Sie sich für Politik: sehr stark, stark, mittel, wenig oder überhaupt nicht?

• Sehr stark .... ☐
• Stark .... ☐
• Mittel .... ☐
• Wenig... ☐
• Überhaupt nicht .... ☐

11. Welche Staatsbürgerschaft haben Sie? Wenn Sie die Staatsbürger-
     schaft mehrerer Länder besitzen, nennen Sie mir bitte alle.

Interviewer: *Mehrfachnennungen* möglich

Staatsbürgerschaft von...

- Deutschland .... ☐
- Dänemark .... ☐
- Frankreich .... ☐
- Italien .... ☐
- Andere Staatsbürgerschaft .... ☐

Offene Fragen haben den Vorteil, dass sie den Befragungspersonen
die Möglichkeit bieten, so zu sprechen, wie sie es gewohnt sind; der
Nachteil liegt u.a. darin, dass die Ergebnisse sehr stark von der Ver-
balisierungsfähigkeit der Befragungsperson abhängen und nicht unbedingt von ihrer tatsächlichen Einstellung zu dem gefragten Sachverhalt. Ein weiterer zentraler Nachteil der offenen Frage ist der
große Verkodungsaufwand, der mit ihrer Auswertung verbunden
ist.[33]

Geschlossene Fragen sind im Interview schnell(er) abzuarbeiten,
haben aber u.a. den Nachteil, dass sich Befragungspersonen häufig
nicht in den vorgegebenen Kategorien wiederfinden können.

Halboffene Fragen (Beispielfrage S2) sind eher ein Ergebnis von
Entscheidungsschwierigkeiten des Fragebogenentwicklers, kommen
aber in der Praxis sehr häufig vor: einer an sich geschlossenen Frage
wird eine zusätzliche Kategorie (z.B.: „Sonstiges, bitte nennen")
angehängt, die wie eine offene Frage beantwortet werden kann, wenn
sich die Befragungsperson nicht in eine der vorgegebenen Antwortkategorien einordnen kann. Eine halboffene Frage bietet sich immer
dann an, wenn das tatsächliche Universum möglicher Antworten auf
eine Frage zwar gut abgeschätzt (geschlossene Frage), aber nicht
definitiv bestimmt werden kann (offene Frage).

---

[33] Zur Verkodung offener Fragen siehe Kapitel 6.1.3

S2   Welchen allgemeinbildenden Schulabschluss haben Sie?

Interviewer: nur *e i n e* Nennung möglich. Nur *höchsten* Schulabschluss angeben lassen!

A   Noch Schüler.. ☐

B   Schule beendet ohne Abschluss .... ☐

C   Volks-/Hauptschulabschluss bzw. Polytechnische
     Oberschule mit Abschluss 8. oder 9. Klasse...................... ☐

D   Mittlere Reife, Realschulabschluss bzw. Poly-
     technische Oberschule mit Abschluss 10. Klasse............... ☐

E   Fachhochschulreife (Abschluss einer
     Fachoberschule etc.)... ☐

F   Abitur bzw. Erweiterte Oberschule
     mit Abschluss 12. Klasse (Hochschulreife)........................ ☐

G   Anderen Schulabschluss, und zwar:

     ....

Die Diskussion um offene oder geschlossene Fragen ist wohl fast so alt wie die moderne Umfrageforschung selbst (Lazarsfeld 1944; Krech und Crutchfield 1948); allerdings ist eine Entscheidung zugunsten der einen oder der anderen Fragenform lange Zeit wohl eher durch Erfahrung, common sense, Institutsroutinen und forschungspraktische Überlegungen bestimmt worden als durch systematische Forschung (Converse 1984).

Aufgrund kognitionspsychologischer Arbeiten weiß man heute, dass die Entscheidung für eine offene oder für eine geschlossene Frage jedoch nicht alleine das Registrieren der Antwort und den Aufwand bei der Auswertung beeinflusst, sondern bedeutende inhaltliche Auswirkungen auf das Ergebnis einer Frage haben kann, weil offene und geschlossene Fragen unterschiedliche kognitive Anforderungen an die Befragungsperson stellen.

Kognitionspsychologische Forschungen haben weiterhin gezeigt, dass auch die bei einer geschlossenen Frage vorgegebenen *Antwortkategorien* großen Einfluss auf das Ergebnis einer Frage haben können. Antwortkategorien haben nämlich nicht nur die vom Forscher

intendierte Funktion, die Reaktion der Befragungsperson auf einen
bestimmten Stimulus zu protokollieren; der Befragungsperson dienen
sie vielmehr auch dazu, den Kontext einer Frage zu erfassen, ihren
Sinn zu interpretieren und den Spielraum für angemessene Reaktionen auf die Frage abzugrenzen. Ein Beispiel soll zeigen, wie die
Bandbreite der vorgegebenen Antwortskala das Antwortverhalten
beeinflusst (Schwarz u.a. 1985: 388–395):
   Die gestellte Frage lautet: „Wie viele Stunden sehen Sie an einem
normalen Werktag fern?" Bei den Antwortkategorien (Version A)

   ☐   bis 1/2 Stunde
   ☐   1/2 bis 1 Stunde
   ☐   1 bis 1 ½ Stunden
   ☐   1 ½ bis 2 Stunden
   ☐   2 bis 2 ½ Stunden
   ☐   mehr als 2 1/2 Stunden

geben 16,2% der Befragten an, mehr als 2 1/2 Stunden täglich fernzusehen. Dieser Anteil ändert sich dramatisch, wenn man folgende
Antwortkategorien vorgibt (Version B):

   ☐   bis 2 1/2 Stunden
   ☐   2 1/2 bis 3 Stunden
   ☐   3 bis 3 1/2 Stunden
   ☐   3 1/2 bis 4 Stunden
   ☐   4 bis 4 1/2 Stunden
   ☐   mehr als 4 1/2 Stunden

Jetzt hat man plötzlich 37,5% Befragte, die angeben, mehr als 2 1/2
Stunden täglich fernzusehen. Wie ist das zu erklären?
   Im Einklang mit den Regeln der kooperativen Kommunikation
unterstellen Befragte, dass die ihnen vorgelegte Skala einen Sinn
macht, und der Sinn kann nur darin bestehen, dass die Skala real
vorhandene oder als real vorhanden angenommene Verteilungen
repräsentiert. Bei einer sehr starken Differenzierung im unteren Bereich der Skala (Version A) gehen die Befragten demzufolge davon
aus, dass die meisten Leute wohl weniger als 2,5 Stunden fernsehen –
warum sonst hätte man gerade diese starke Differenzierung im unte-

ren Bereich gewählt? Sie stufen sich also da ein, wo sie sich mit vielen anderen in guter Gesellschaft wähnen. Das gleiche machen sie aber auch bei Version B, nur dass die hier vorgenommene Differenzierung im oberen Bereich ihnen ein Volk von Vielsehern suggeriert – auch hier stuft man sich eher da ein, wo mutmaßlich auch die meisten anderen sein werden.

Das heißt verallgemeinert: Befragungspersonen gehen davon aus, dass die ihnen vorgelegte Skala sinnhaft konstruiert ist, und sie nehmen an, dass sie in ihren Ausprägungen tatsächliche Verteilungen der Population widerspiegelt. Die Informationen, die sie aus dem Wertebereich einer Skala erschließen, nutzen sie gleich mehrfach: zum einen ziehen sie den Wertebereich als Bezugsrahmen für ihre eigene Verhaltenshäufigkeit heran (und geben zum Beispiel höhere Frequenzen für ihr eigenes Verhalten an, wenn die Skala höhere Häufigkeiten vorgibt), zum zweiten entnehmen sie ihrer eigenen Platzierung auf der Skala Informationen über die relative Häufigkeit ihres Verhaltens verglichen mit dem Verhalten anderer und berücksichtigen dies, wenn sie komparative Urteile bilden; und schließlich ziehen sie bei nicht eindeutigen Fragen die Skalen als Interpretationshilfen für den vermeintlichen Sinn der Frage heran.

Auswirkungen auf das Antwortverhalten können sich auch aus der *Reihenfolge* ergeben, in der Antwortkategorien präsentiert werden, insbesondere wenn eine größere Anzahl möglicher Antwortkategorien vorgegeben wird: Befragte tendieren entweder dazu, *zuerst genannte* Kategorien auszuwählen („primacy effect"), oder sie entscheiden sich eher für *zuletzt genannte* Kategorien („recency effect"). Welcher der Effekte zum Wirken kommt, hängt von der *Art der Präsentation* ab: Werden Listen mit einer größeren Anzahl von Antwortkategorien optisch präsentiert, kommt es eher zum primacy effect, werden die Antwortkategorien vorgelesen, ist eher mit einem recency effect zu rechnen (vgl. Schwarz u.a. 1989).

5.1.2.4 Fragen, Antworten und Skalenformate

Zur Verbalisierung von *Fragen* und *Antwortkategorien* in einem Fragebogen gibt es eine Reihe von „Faustregeln"; sie finden sich in jedem Lehrbuch der empirischen Sozialforschung und gehen explizit oder implizit zumeist auf Payne (1951) zurück. Wir lesen dort, dass Fragen und Antworten einfach, kurz und konkret formuliert sein, keine Fremdworte und keine unverständlichen Begriffe enthalten sollen; sie sollen nicht suggestiv, semantisch weder positiv noch negativ befrachtet sein, nicht hypothetisch; sie sollen die Befragungsperson nicht überfordern, aber auch nicht trivial klingen; Fragen sollten eindeutig sein, nicht mehrere Stimuli oder doppelte Verneinungen enthalten.

Diese und ähnliche Regeln haben natürlich eine gewisse Berechtigung und machen Sinn, allerdings wird man bei näherer Beschäftigung damit schnell feststellen, dass sie wirklich nur als sehr grobe Faustregeln zu verwenden sind (während die eine Zielperson durch eine Frage überlastet ist, erscheint sie der nächsten als trivial).

Ungeachtet des Wissens um die Beschränktheit allgemeiner Regeln formulieren wir doch die „zehn Gebote der Frageformulierung":

1. Du sollst einfache, unzweideutige Begriffe verwenden, die von allen Befragten in gleicher Weise verstanden werden!

2. Du sollst lange und komplexe Fragen vermeiden!

3. Du sollst hypothetische Fragen vermeiden!

4. Du sollst doppelte Stimuli und Verneinungen vermeiden!

5. Du sollst Unterstellungen und suggestive Fragen vermeiden!

6. Du sollst Fragen vermeiden, die auf Informationen abzielen, über die viele Befragte mutmaßlich nicht verfügen!

7. Du sollst Fragen mit eindeutigem zeitlichen Bezug verwenden!

8. Du sollst Antwortkategorien verwenden, die erschöpfend und disjunkt (überschneidungsfrei) sind!

9. Du sollst sicherstellen, dass der Kontext einer Frage sich nicht auf deren Beantwortung auswirkt!

10. Du sollst unklare Begriffe definieren!

Wenden wir uns den *Skalen* zu. Der Beantwortung einer Frage liegt – technisch betrachtet – grundsätzlich der Prozess des *Messens* zugrunde, worunter wir jegliche regelhafte und kodifizierte Benennung bestimmter Aspekte oder Ausprägungen einer manifesten (Verhalten) oder latenten (z.B. Einstellungen) Variablen mit Hilfe von

Symbolen oder Ziffern verstehen. Das dem Messvorgang zugrunde gelegte Bezugssystem bezeichnen wir als *Skala*.

Zunächst einmal unterscheidet man *verbalisierte* von *numerischen* (endpunktbenannten) Skalen, wobei erstere sich dadurch kennzeichnen, dass jedem Skalenpunkt eine verbale Benennung eindeutig zugeordnet ist, während bei der numerischen Skala nur die Endpunkte verbalisiert, die Skalenwerte ansonsten durch Ziffern repräsentiert (oder bei schriftlichen Befragungen oft leer) sind.

Beispiel: Verbalisierte Vierer-Skala

trifft voll und ganz zu	*trifft eher zu*	*trifft eher nicht zu*	*trifft überhaupt nicht zu*
☐	☐	☐	☐

Beispiel: Endpunktbenannte Siebener-Skala

sehr unsympathisch								*sehr sympathisch*

Skalen mit einer ungeraden Anzahl von Skalenpunkten und einer formalen Mittelkategorie (*ungerade Skalen*) stehen Skalen mit einer geraden Anzahl von Skalenpunkten ohne formale Mittelkategorie (*gerade Skalen*) gegenüber; die optimale Anzahl der Skalenpunkte ist ebenso von Bedeutung (und strittig) wie die Frage, ob man Skalenwerte von rechts nach links oder von links nach rechts auf- oder absteigen lässt, ob man eindimensionale (z.B. von 1 nach 7) oder zweidimensionale (z.B. von –3 bis +3) Skalen einsetzt, und anderes mehr (Beispiele für gebräuchliche Skalen finden sich auf S. 56). Die Diskussion um die „richtige" Skala kann hier nicht wiedergegeben werden; sie reicht nachweislich zurück bis ins Jahr 1915 (vgl. Cox 1980).

Beispiel: Ungerade Skala

  unwichtig   □   □   □   □   □   □   □   *sehr wichtig*

Beispiel: Gerade Skala

  unwichtig   □   □   □   □   □   □   *sehr wichtig*

Weitere Beispiele: Zehner-Skalen

links	1	2	3	4	5	6	7	8	9	10	*rechts*

stark	10	9	8	7	6	5	4	3	2	1	*schwach*

In der Praxis haben sich unter dem Gesichtspunkt der Diskriminie-
rungsfähigkeit numerische Skalen mit sieben plus/minus zwei Skalenpunkten bewährt (Cox 1980; empirisch überzeugend Stadtler
1983). Unter Auswertungsgesichtspunkten ist dabei wichtig, dass
solche Skalen den Charakter intervallskalierter Variablen[34] besitzen
oder zumindest zu besitzen glaubhaft machen wollen.[35]
    Die Frage, ob man eine Mittelkategorie zulassen will oder nicht,
ist keineswegs nur rein technischer Natur. Bietet man eine Mittelkategorie an, so läuft man Gefahr, dass Personen sie als Ausweichmög-
lichkeit nutzen, weil sie sich nicht auf die eine oder andere Seite der
Skala einstufen wollen (mit Einführung der Mittelkategorie reduziert
sich der Anteil der „weiß nicht"-Antworten – sofern eine solche
Kategorie vorgegeben war – deutlich; vgl. Molenaar 1982). Zwingt

---

[34] Intervallskalierte Variablen sind solche, bei denen die Abstände zwi-
      schen den Skalenpunkten jeweils als gleich angesehen werden; sowohl
      der Nullpunkt (der ohne inhaltliche Bedeutung ist) als auch die Skalen-
      einheit können beliebig festgelegt werden. Klassisches Beispiel für in-
      tervallskalierte Variablen ist die Temperatur.
[35] Dies ist schon dann wichtig, wenn man nur den Mittelwert einer Skala
      berechnen will; die Berechnung eines Mittelwertes setzt voraus, dass die
      Skala intervallskaliert ist. Auch eine Vielzahl anderer statistischer Mo-
      delle setzen im Prinzip Intervallskalenniveau voraus (vgl. dazu Diek-
      mann 1995: 249ff).

man Befragte zu einer Einordnung, indem man die Mittelkategorie weglässt, nimmt man ihnen die Chance, sich bewusst in der Mitte einzustufen, wobei diese bewusste Einstufung kein Ausweichen darzustellen braucht, sondern die tatsächliche und inhaltliche korrekte Platzierung in der Mitte der Skala.

Unabhängig von der Art der Skala ist es grundsätzlich wichtig zu wissen, dass auch Skalen (selbst die relativ neutral erscheinenden numerischen Skalen) keineswegs den Charakter eines formalen, sachlichen Messinstruments aufweisen. In Experimenten konnte vielmehr nachgewiesen werden, dass Skalen, die formal äquivalent, aber unterschiedlich beziffert oder benannt sind, das Antwortverhalten von Personen deutlich beeinflussen können; auch hierzu ein Beispiel (IfD Allensbach 1988[36]):

Frage: „Wie erfolgreich waren Sie bisher in Ihrem Leben? Sagen Sie es bitte nach dieser Leiter hier"

	Skala A	Skala B
außerordentlich	10	+ 5
	9	+ 4
	8	+ 3
	7	+ 2
	6	+ 1
	5	0
	4	- 1
	3	- 2
	2	- 3
	1	- 4
überhaupt nicht	0	- 5

Wird den Befragungspersonen bei dieser Frage Skala A vorgelegt, stufen sich 34% der Befragten in den Kategorien 0 bis 4 ein, der Mittelwert liegt bei 6,4; wird Skala B vorgelegt, stufen sich dagegen nur 13% auf den (den Skalenwerten 0 bis 4 der Skala A formal adäquaten) Kategorien -5 bis -1 ein, der Mittelwert ist mit 7,3 deutlich höher. Die Differenz der Mittelwerte ist hoch signifikant.

---

[36] Institut für Demoskopie Allensbach, IfD-Studie 5.007, Juli 1988, bundesweite Repräsentativbefragung, N = 1.032

Bei diesem Beispiel sind es schlicht die Minuszeichen vor den Ziffern, die den unteren Skalenwerten einen negativen Anstrich vermitteln und von daher nicht gerne gewählt werden. Der Wert 0 auf der linken Seite wird als „nicht erfolgreich" interpretiert, nicht als „negativ erfolgreich" und ist von daher lange nicht so deprimierend wie der Wert -5 auf der rechten Seite, der als „negativ erfolgreich" interpretiert wird.

5.1.2.5   Aufbau des Fragebogens und Fragensukzession

Neben Skalen und Frageformulierungen spielt die Fragensukzession eine wichtige Rolle bei der Entwicklung von Fragebogen. Unter *Fragensukzession* versteht man die Reihenfolge, mit der Fragen im Fragebogen angeordnet und der Befragungsperson im Verlaufe der Befragung vorgelegt werden. Sie ist vor allem bei der persönlich-mündlichen und bei der telefonischen Befragung von Bedeutung; bei der schriftlichen Befragung dagegen könnte die Sukzession irrelevant werden, weil nicht ausgeschlossen werden kann, dass die Befragungsperson den Fragebogen hier entgegen der Intention des Forschers nicht sukzessive, sondern in beliebiger Abfolge bearbeitet, also beim Ausfüllen vor- und zurückblättert.

Auch für die Fragensukzession gibt es eine Vielzahl technischer Regeln, die mehr oder weniger „intuitiv" sind; andererseits haben kognitionspsychologische Forschungen hier ebenfalls eine Reihe empirischer Hinweise für die Fragebogengestaltung geliefert.

Zu den eher intuitiven Regeln zählt, dass eine Befragung mit spannenden, themenbezogenen und die Befragungsperson persönlich betreffenden, aber technisch einfach zu bearbeitenden Fragen beginnen sollte, um die Motivation der Befragungsperson zur weiteren Teilnahme aufrechtzuerhalten oder sogar noch zu erhöhen („Eisbrecher-" oder „Aufwärmfragen"). Einstiegsfragen sollten so konstruiert sein, dass sie *von allen* Befragten zu beantworten sind und beantwortet werden können, damit bei einer Befragungsperson nicht von vornherein der Eindruck entsteht, sie sei für den Interviewer und die

Befragung uninteressant oder die Befragung sei für sie zu schwierig.[37]

Die Logik des Befragungsablaufes sollte für die Befragungsperson gut nachvollziehbar sein; Fragen zum gleichen Thema sollten zu Fragenblocks zusammengefasst werden. Schwierige oder heikle Fragen sollten eher am Ende der Befragung gestellt werden, damit der Schaden im Falle eines durch die Frage bedingten Interview-Abbruches[38] begrenzt bleibt.

Besondere Aufmerksamkeit ist in der methodischen Forschung der Frage gewidmet worden, welchen Einfluss die Anordnung von Fragen im Fragebogen auf das Antwortverhalten habe. Dass vorausgehende Fragen die Antworten auf nachfolgende beeinflussen können, gehört zu den Gemeinplätzen der Fragebogenkonstruktion. Solche „Sukzessions-", „Reihenfolge-" oder „Platzierungseffekte" – allgemein als „*Kontexteffekte*" bezeichnet – stellen auch für die kognitionspsychologische Forschung einen Schwerpunkt dar. Auch hierzu ein Beispiel (nach Schwarz und Bless 1992):

Bei einer Befragung sollte unter anderem gemessen werden, was die Befragten so ganz allgemein von der CDU hielten. Gefragt wurde: „Alles in allem, was halten Sie ganz allgemein von der CDU?". Vorgelegt wurde eine Skala von 1= „überhaupt nichts" bis 11= „sehr viel". Der Mittelwert (arithmetisches Mittel) lag bei – für die CDU wenig schmeichelhaften – 3,4.

Damit war die CDU natürlich ganz und gar nicht zufrieden, und natürlich war der CDU zu helfen. Man befragte eine vergleichbare

---

[37] So beginnt z.B. der ALLBUS 1996 mit einer Frage, zu der sich jeder sicher schon einmal Gedanken gemacht hat, von der jeder in der einen oder anderen Weise betroffen ist, und zu der sich jeder sicherlich eine Meinung bilden kann – und die technisch sehr einfach ist. Gefragt wurde: „Beginnen wir mit einigen Fragen zu Familie und Partnerschaft. Glauben Sie, dass man eine Familie braucht, um wirklich glücklich zu sein, oder glauben Sie, man kann alleine genauso glücklich leben". Eine Frage mit inhaltlich ganz anderer Thematik, aber aus genau den eben beschriebenen Gründen gewählt, leitet in den ALLBUS 1994 ein: „Beginnen wir mit einigen Fragen zur wirtschaftlichen Lage... Wie beurteilen Sie ganz allgemein die heutige wirtschaftliche Lage – sehr gut, gut, teils gut/teils schlecht, schlecht oder sehr schlecht?".

[38] Ein Tatbestand, der sich allerdings in der Tat eher selten ereignet.

Stichprobe mit der selben Frage, und der Mittelwert lag – schon besser – bei 5,2.

Auf die Frage, ob es nicht auch etwas oberhalb des Skalenmittelwertes ginge, wurde eine dritte Befragung durchgeführt, gleiche Frage, vergleichbare Stichprobe, nur dass der Wert jetzt mit 6,5 doch deutlich Positiveres verhieß. Also man war's zufrieden.

Selbstverständlich ist die Geschichte fiktiv und frei erfunden.[39] Nicht fiktiv und frei erfunden sind allerdings die in diesem Beispiel berichteten Werte; sehen wir sie uns noch einmal in der Übersicht an:

„Alles in allem: Was halten Sie ganz allgemein von der CDU?"

11	= sehr viel
10	
9	dritter Mittelwert: 6,5 (C)
8	
7	
6	zweiter Mittelwert: 5,2 (B)
5	
4	
3	erster Mittelwert: 3,4 (A)
2	
1	= überhaupt nichts

Wohlgemerkt: immer die gleiche Fragestellung, immer vergleichbare Stichproben, die befragt worden sind, aber: deutlich unterschiedliche Skalenwerte. Des Rätsels Lösung liegt in der Frage, die derjenigen nach der Meinung zur CDU vorangegangen war.

In Variante A mit dem schlechtesten Ergebnis für die CDU lautete die Vorfrage „Wissen Sie zufällig, welches Amt Richard von Weizsäcker ausübt, das ihn außerhalb des Parteiengeschehens stellt?"; in Variante B, dem mittleren Ergebnis, war eine Vorfrage gestellt worden, die absolut keinen Bezug zu einem politischen The-

---

[39] Die CDU möge mir dieses Beispiel bitte nachsehen; es wird gleich deutlich werden, warum hier gerade die CDU herhalten musste und keine andere bestehende oder fiktive Partei.

ma hatte; in Variante C, dem besten Ergebnis für die CDU, lautete die Vorfrage „Wissen Sie zufällig, welcher Partei Richard von Weizsäcker seit mehr als 20 Jahren angehört?"

In Variante A war von Weizsäcker in der Vorfrage explizit („außerhalb des Parteiengeschehens") aus der CDU herausdefiniert worden; da von Weizsäcker zweifelsohne in allen politischen Lagern als äußerst integre Persönlichkeit mit hoher Reputation angesehen wird, geht mit seiner *Exklusion* die Bewertung der CDU nach unten. In Variante C passiert genau das Gegenteil: durch die explizite *Inklusion* von Weizsäckers in die CDU („seit mehr als 20 Jahren angehört") geht dessen Reputation und Integrität in die Bewertung der Partei mit ein und wirkt sich deutlich positiv aus. Folgerichtig liegt der Mittelwert der Variante B ohne einschlägige, kontextgebundene Vorfrage zwischen den Werten für Inklusion und Exklusion.

5.1.2.6 Befragungshilfen, Filter, Layout

Kommen wir zum Ende des Abschnittes über Fragebogenerstellung, und schließen wir mit einigen wenigen Überlegungen zu Befragungshilfen, Filtern und Layout:

Befragungshilfen unterstützen die Arbeit des Interviewers, indem sie der Befragungsperson Informationen optisch präsentieren, die ohne entsprechende Präsentation nicht oder nur schlecht zu verarbeiten wären: lange Itemlisten, Skalen, Bilder, Skizzen etc. Geläufige Formen der Befragungshilfen sind Listen(hefte) und Kärtchen.

Befragungshilfen sind insbesondere im persönlich-mündlichen Interview von Bedeutung. Bei der schriftlichen Umfrage sind sie ohnehin Bestandteil des Fragebogens, beim telefonischen Interview sind sie praktisch nicht einsetzbar bzw. müssen grundsätzlich neu an die Methode angepasst werden. Der Wegfall visueller Befragungshilfen wird bei der telefonischen Befragung viel eher durch andere

Erhebungstechniken wettzumachen gesucht, als durch Befragungshilfen im engeren Sinne.[40]

Bestimmte Fragen des Fragebogens sind nicht oder nicht sinnvoll von allen Befragten zu beantworten (z.B. Fragen nach Merkmalen des Ehepartners bei Unverheirateten). Um Befragte nicht mit sie gar nicht betreffenden Fragen zu konfrontieren, werden im Fragebogen an den entsprechenden Stellen sogenannte *„Filter"* eingebaut. Durch einen Filter erhält der Interviewer (beim Selbstausfüller: die Befragungsperson) die Anweisung, die folgenden Fragen zu überspringen und die Befragung an einer späteren, durch den Filter exakt definierten Stelle des Fragebogens weiterzuführen.

Unter *Layout* eines Fragebogens schließlich versteht man alle Maßnahmen, die seine formale und äußere Gestaltung betreffen. Generell ist dazu zu sagen, dass die Gestaltung eines Fragebogens so sein muss, dass sie dem Interviewer (beim Selbstausfüller: der Befragungsperson) die Arbeit möglichst leicht und ihm (ihr) keine formalen Schwierigkeiten macht; als hilfreich und wichtig gelten ein *einheitliches Präsentationsbild* für Frageformulierungen, für Antwortkategorien, für Interviewerhinweise (Befragtenhinweise) etc. Zumindest bei persönlich-mündlichen und telefonischen Interviews spielt die ästhetische Qualität des Fragebogens eine geringere Rolle als seine leichte Handhabbarkeit durch den Interviewer.

Bei schriftlichen Befragungen kommt dem Layout über die leichte Handhabbarkeit des Instruments durch die ausfüllende Person hinausgehende Funktion zu: Es soll helfen, Kooperationsbereitschaft herzustellen und den Eindruck von Wichtigkeit und Seriosität der Befragung ebenso vermitteln wie die leichte Lösbarkeit der Aufgabe; deshalb muss ein schriftlicher Fragebogen attraktiv gestaltet, übersichtlich gedruckt und gut lesbar sein, eingängig und leicht zu bearbeiten. Attraktive Deckblätter mit einem Bezug zum Thema haben sich in der Praxis ebenso bewährt wie ausformulierte Hinweise zum Ausfüllen des Fragebogens, eine Dankesfloskel und freier Platz am

---

[40]   Zum Beispiel durch Anwendung der „unfolding tactic" (Groves 1979), bei der komplexere Fragen in Stufen abgefragt werden: „Sind Sie eher für oder eher gegen...?". Falls „eher für": „Sind Sie sehr stark für, stark oder gerade noch für...?". Falls „eher dagegen": „Sind Sie nur wenig dagegen, stark dagegen oder sehr stark dagegen?".

Ende des Fragebogens, den die ausfüllende Person nutzen kann, um eigene Anmerkungen zu dem Fragebogen zu machen.

5.1.2.7 Fragebogenerstellung beim ALLBUS

Bei der Entwicklung der ALLBUS-Fragebogen werden die beschriebenen Aspekte in unterschiedlicher Weise berücksichtigt, wobei sich der Grad der Berücksichtigung zwischen vollkommen und gar nicht bewegt.

Vollkommen berücksichtigt werden die beschriebenen Aspekte dort, wo es um die Neuentwicklung von Fragen oder Fragenkomplexen geht; Frage- und Antwortformulierungen, die Auswahl der „richtigen" Skala, die Abfolge der Fragen innerhalb eines Fragenkomplexes, die Erstellung der Befragungshilfen – alles erfolgt auf dem neuesten Stand der Fragebogengestaltung.

Vollkommen unberücksichtigt bleiben die beschriebenen Aspekte dort, wo es um die Replikation von Fragen geht; hier gibt es keinen oder nur geringen Spielraum zum Verändern etwa von Frageformulierungen, Antwortvorgaben oder Skalen. Hier schlagen die in Kapitel 3 beschriebenen Probleme bei der exakten Replikation in vollem Umfange zu Buche. Zähneknirschend, manchmal in dem Gefühl besseren Wissens das Falsche zu machen, müssen Fragen und Fragenbereiche aus älteren Studie zur Replikation in den Fragebogen aufgenommen werden.

Relativ gering sind auch die Einflussmöglichkeiten auf das Layout des Fragebogens, da die Institute, die die ALLBUS-Umfragen durchführen, ihre institutsinternen und dort bewährten Fragebogenlayouts zum Einsatz bringen mit dem Argument, ihre Interviewer seien das jeweilige Layout nun mal gewohnt und könnten damit am besten arbeiten. Wenn dem so ist, kann man das nur begrüßen.

Es bleibt die Tatsache, dass ALLBUS-Fragebogen als Folge des replikativen Charakters des Fragenprogramms gelegentlich und an manchen Stellen immer noch anders aussehen, als sie aussehen würden, wenn man unter Anwendung der beschriebenen Aspekte der Fragebogenentwicklung völlig freie Hand beim Entwickeln der Fragebogen gehabt hätte.[41] Die Beharrlichkeit, mit der alte Konzepte und alte Fragen am Leben erhalten werden, überdauert dann auch die Pretest-Phase des ALLBUS.

5.1.3   Der Pretest

Die Durchführung eines oder auch mehrerer Pretests gilt gemeinhin als unabdingbare Voraussetzung für die erfolgreiche Entwicklung eines Fragebogens. Wir wollen uns zunächst mit Stellenwert und Ziel eines Pretests beschäftigen und dann unterschiedliche Pretestverfahren vorstellen.[42]

5.1.3.1   Stellenwert und Ziel eines Pretests

Wo immer man auch hinschaut und nachliest: In der gesamten einschlägigen Literatur werden *Pretests* in allen Projekten der empirischen Sozialforschung als unabdingbare Voraussetzung zur Vorbereitung einer Hauptstudie bezeichnet, zumindest in all jenen Projekten, die zur Datengewinnung Fragebogen einsetzen wollen. An dieser Stelle werden immer wieder Sudman und Bradburn (1983: 283) zitiert:

> „If you don't have the resources to pilot test your questionnaire, don't do the study."

Dieses Zitat, so eindringlich es wirkt, hat allerdings eine ganz zentrale Schwäche, nämlich: es setzt *pretesting* sehr einschränkend gleich mit Überprüfung eines Fragebogens.
Eigentlich sollte es aber anders sein, nämlich: Pretests sollten die

---

[41]   Die interessierte Leserin und der interessierte Leser können diese Aussage am besten dadurch testen, dass sie die Qualität der ALLBUS-Fragebogen selbst in Augenschein nehmen. Die Fragebogen können bezogen werden bei der Abteilung ALLBUS bei ZUMA in Mannheim, derjenige des ALLBUS 1998 ist im Internet abrufbar: www.zuma-mannheim.de/data/allbus/frabog.htm

[42]   Neuere deutschsprachige Literatur zum Thema Pretest findet sich bei Prüfer und Rexroth (1996) und bei Statistisches Bundesamt (1996).

Aufgabe haben, Hinweise zu liefern über die Funktionsfähigkeit des gesamten Studiendesigns sowie einzelner Bestandteile dieses Designs, und dazu gehört, neben Stichprobenziehung und Stichprobenrealisierung, neben Fragen des Feldes und sogar der Auswertung, eben auch das Befragungsinstrument, der Fragebogen.

Praktisch ist dies aber nicht der Fall: Meistens werden alle anderen Aspekte vernachlässigt, und allein der *Fragebogen* steht im Mittelpunkt des Pretestinteresses.

Das heißt also: Praktisch handelt es sich beim Pretest um einen Testlauf eines „Fragebogen-Prototyps", also eines mutmaßlich noch nicht vollständig ausgereiften Fragebogens. Damit wird auch deutlich, in welchen übergeordneten Zusammenhang Pretests einzuordnen sind: Sie sind ein wesentliches Element im Prozess der Fragebogen-Entwicklung.

Warum wird gerade das Pretesten des *Fragebogens* immer wieder in den Vordergrund gestellt?

Zum einen sicherlich deshalb, weil der Fragebogen bekanntermaßen eine der zentralen potentiellen Fehlerquellen in Umfragen ist. Und zum zweiten: weil wir alle wissen, dass ein perfekter Fragebogen – wenn es denn einen perfekten Fragebogen überhaupt gibt – nicht am Schreibtisch konstruiert werden kann.

Wir stimmen Sudman und Bradburn (1983: 283) zu:

> „Even after years of experience, no expert can write a perfect questionnaire."

Wir stimmen auch Allerbeck und Hoag (1985) zu, die im Zusammenhang mit der Konstruktion der Fragebogen ihrer Jugendstudie sagen:

> „Erfahrene Umfrageforscher kennen die hier gültige Variante des Murphyschen Gesetzes, dass alles, was schiefgehen kann, auch schiefgehen wird, schon lange".

Nun, da wir alle wissen, wie wichtig ein Pretest ist, suchen wir nach einer Definition und – oh Wunder – wir finden keine. Trotz des hohen Stellenwerts, der Pretests gemeinhin zugeschrieben wird, gibt es zumindest in der uns bekannten Literatur weder eine allgemein anerkannte Definition noch konkrete und präzise Regeln zur praktischen Durchführung eines Pretests (eine Feststellung, die sich im übrigen mühelos auf andere zentrale Begriffe der empirischen Umfrageforschung übertragen ließe).

Trauen wir uns, eine eigene Definition vorzustellen, so sagen wir: Pretests sind nichts anderes als die Miniaturausgabe einer beliebigen Form sozialwissenschaftlicher Datenerhebung, wobei sich in der Regel die Konzentration auf die *Qualität des Erhebungsinstrumentes* richtet.

In Anlehnung an Converse und Presser (1986) sollte ein Pretest Auskunft geben über

- ☐ die Verständlichkeit der Fragen,
- ☐ Probleme der Befragungsperson mit ihrer Aufgabe,
- ☐ Interesse und Aufmerksamkeit der Befragungsperson bei einzelnen Fragen,
- ☐ Interesse und Aufmerksamkeit der Befragungsperson während des gesamten Interviews,
- ☐ Wohlbefinden der. Befragungsperson (respondent wellbeing),
- ☐ Häufigkeitsverteilung der Antworten,
- ☐ Reihenfolge der Fragen,
- ☐ Kontexteffekte,
- ☐ Probleme des Interviewers bei der Befragung,
- ☐ technische Probleme mit Fragebogen und Befragungshilfen und
- ☐ Zeitdauer der Befragung.

Spätestens nach dieser Aufzählung merkt man, dass es ab jetzt vorrangig um Pretests für mehr oder weniger standardisierte Fragebogen geht.

5.1.3.2 Pretestverfahren

Wenden wir uns der Frage zu, welche unterschiedlichen Pretestverfahren zur Verfügung stehen. Auf der einen Seite haben wir den sog. „klassischen" Pretest, der sich – verkürzt dargestellt – vor allem dadurch kennzeichnet, dass er „im Feld" durchgeführt wird und der Interviewer die eher passive Funktion eines „Beobachters" innehat. Auf der anderen Seite haben wir Pretestverfahren, die eher und vorrangig in Labors oder *inhouse* durchgeführt werden, bei denen sowohl Befragte wie auch Interviewer aktive Rollen beim Pretesten übernehmen (wir fassen sie hier unter kognitive bzw. Labor-Methoden zusammen). Daneben gibt es Verfahren, die theoretisch oder praktisch ganz ohne Mitwirkung einer Zielperson ablaufen (z.B. Expertenratings, Fragebogenkonferenzen).

Irgendwo zwischen dem klassischen Pretest und dem kognitiven Laborpretest ist schließlich das Behavior Coding angesiedelt, das – neben anderen Verfahren - bei ZUMA zum Einsatz kommt.

Wenden wir uns zunächst dem klassischen Pretest zu, der auch bezeichnet wird als

- konventioneller Pretest („conventional pretest": Presser und Blair 1994),
- Standard-Pretest („standard pretest": Oksenberg, Cannell und Kalton 1991),
- Beobachtungspretest (ZUMA), oder, schon eher etwas respektlos, als
- „old-style-pretest" (Fowler 1992)

Die Bezeichnungen „klassisch", „konventionell" und „old-style" lassen vermuten, dass diese Attribute dem traditionellen Beobachtungspretest erst in jüngster Zeit – genauer seit der Entwicklung alternativer Verfahren – verliehen worden sind.

Auch für die Durchführung eines „klassischen Pretests" existieren keine verbindlichen bzw. allgemein akzeptierten Regeln. Zwar findet sich in jedem sozialwissenschaftlichen Methodenlehrbuch ein Kapitel zum Thema „Pretest", im Vergleich miteinander werden jedoch höchst unterschiedliche und zum Teil auch widersprüchliche Empfehlungen bezüglich der Durchführung eines Pretests gegeben. Blättert man die Methodenliteratur durch, so stößt man auf Uneinigkeit zum Beispiel bei

- der notwendigen Fallzahl (variiert von N = 10 bis 200),
- dem Einsatz der Interviewer (erfahrene, speziell ausgebildete Pretestinterviewer oder Querschnitt aller Interviewer),
- der Informiertheit der Befragten („participating pretest" = Befragter ist über Testcharakter informiert, im Gegensatz dazu „undeclared pretest" = Befragter ist nicht informiert,

reagiert unter realistischen Bedingungen), ja sogar bei
☐ der Terminologie an sich (Pretest, Vortest, Testbefragung,
   pilot study, question testing, trial run etc.).

Obwohl es nirgendwo explizit geschrieben steht, gibt es doch zumindest aber eine Art Übereinstimmung darüber, wie das „Grundgerüst" eines „klassischen" Pretests beschaffen ist bzw. sein sollte:

☐ einmaliges Testen des Fragebogens unter möglichst realistischen Hauptstudien-Bedingungen,
☐ Durchführung von 20 bis 70 Interviews (Quoten- oder Zufallsstichprobe)[43],
☐ Interviewer haben die Aufgabe, Probleme und Auffälligkeiten bei der Durchführung der Interviews zu beobachten und zu berichten,
☐ in der Regel passives Verfahren, d.h. der Interviewer beobachtet nur („Beobachtungspretest"), ohne aktiv zu hinterfragen,
☐ zugrundeliegendes Prinzip: Man versucht, aus der Reaktion/Antwort des Befragten Rückschlüsse auf sein Fragenverständnis zu ziehen.

Im Laufe der 1980er Jahre wurde von Kognitionspsychologen in den USA eine Reihe von Techniken zur Untersuchung des Frage-Antwort-Prozesses neu entwickelt, aber auch bereits vorhandene Techniken wurden zu neuem Leben erweckt. Dabei ging es zunächst einmal nicht um Pretests. Die Eignung dieser Techniken zu Pretest-Zwecken wurde im Grunde genommen erst später erkannt.
   Zu den kognitiven Techniken im einzelnen zählen wir:

☐ Think-aloud-Techniken (concurrent think aloud, retrospective think aloud),
☐ Probing-Techniken (follow-up-probing, post-interview-probing, comprehension probing, information retrieval probing),
☐ Memory Cues,
☐ Confidence Ratings,

---

[43] Näheres zu Quoten- und Zufallsstichproben erfahren wir in Kapitel 5.2 und Kapitel 5.5.1.1.

☐ Paraphrasing und
☐ Sorting (free sort, dimensional sort).

Think-aloud ist eine Neuentwicklung, bei der die Befragungsperson aufgefordert wird, bei der Beantwortung einer Frage „laut zu denken". Die Think-aloud-Technik entstammt der stark kognitionspsychologisch orientierten Gedächtnisforschung und ist vor allem bei retrospektiven Fakt-Fragen sinnvoll einsetzbar. Es gibt zwei wichtige Varianten: Bei concurrent think aloud denkt die Befragungsperson laut, *während* sie ihre Antwort formuliert, bei retrospective think aloud denkt die Befragungsperson *nach der Beantwortung* der Frage laut darüber nach, wie ihre Antwort zustande gekommen ist.

Eine eher alte Technik ist das *Probing*: Darunter verstehen wir das explizite Nachfragen, um mehr über die Antwortstrategien der Befragungsperson zu erfahren. Die wichtigsten Varianten sind hier das follow-up-probing (Nachfrage sofort nach der Antwort), das post-interview-probing (Nachfragen im Anschluss an das Interview), das comprehension probing (Nachfrage zum Fragenverständnis) und das information retrieval probing (Nachfrage zur Informationsbeschaffung).

Neuentwicklungen im Bereich kognitiver Labormethoden zur Durchführung von Pretests sind

☐ *Memory Cues*: Erinnerungshilfen für die Befragungsperson
☐ *Confidence Ratings*: Die Befragungsperson bewertet den Grad der Verlässlichkeit ihrer Antwort
☐ *Paraphrasing*: Die Befragungsperson soll die Frage mit eigenen Worten formulieren
☐ *Sorting*: Der Befragungsperson vorgegebene Items werden entweder nach eigenen (free sort) oder nach vorgebenden (dimensional sort) Kriterien anhand vorgegebener Skalen sortiert.

Schließlich haben wir hier noch das *focus interview,* das im Grunde eine alte Technik ist, nämlich die relativ unstrukturierte Diskussion über das Befragungsinstrument mit Gruppen von Befragungspersonen oder mit einzelnen Befragten. Die focus group ist sozusagen das Äquivalent zur Gruppendiskussion mit dem Ziel, in der Diskussion nicht – wie dort – Informationen über Inhalte, sondern über das Befragungsinstrument selbst zu ermitteln.

Kennzeichnend für alle diese Techniken ist, dass sie einerseits Test-Charakter besitzen, andererseits aber auch gleichzeitig Instrumente zur Fragebogenentwicklung darstellen. Weiterhin ist festzuhalten, dass sich diese Techniken vorwiegend auf den Test einzelner Fragen beschränken und nicht auf den Fragebogen als Ganzes.

Dies bedeutet, dass wir Labor-Techniken zwar zur Vorbereitung einer Befragung empfehlen und einsetzen, dass sie aber unserer Ansicht nach nicht den Test des gesamten Instruments – in welcher Form auch immer – ersetzen können.

Bei den Verfahren, die im Prinzip ohne Befragungsperson auskommen, ist vor allem das *Expertenrating* zu nennen: Mehrere Experten stellen zunächst unabhängig voneinander die ihrer Ansicht nach vorhandenen Probleme eines Fragebogens fest und diskutieren anschließend gemeinsam darüber. Eine prominente Form des Expertenratings finden wir in der Fragebogenkonferenz des Instituts für Demoskopie in Allensbach (vgl. z.B. Noelle-Neumann 1996).

Bleibt schließlich das *behavior coding*. Grundlegendes Prinzip dieses Verfahrens ist die Klassifizierung von Verhalten.

Behavior Coding wurde ursprünglich eingesetzt, um Interviewerverhalten zu bewerten (z.B. bei Cannell, Lawson und Hausser 1975); in späteren Arbeiten wurde es dann auch auf Befragtenverhalten angewandt (z.B. Cannell, Kalton und Fowler 1985; Prüfer und Rexroth 1985).

Dabei bewerten speziell ausgebildete *Coder* nach dem Interview das Befragtenverhalten mittels eines Codesystems, das mehr oder weniger umfangreich sein, d.h. mehr oder weniger differenziert Verhalten erfassen kann. Der quantitative Häufigkeitswert adäquater und inadäquater Befragtenverhaltensweisen bei einer Frage wird als Qualitätsindikator dieser Frage gewertet, weil man davon ausgeht, dass bei inadäquatem Befragtenverhalten die Frage irgendeine Schwierigkeit, irgendein Problem aufweist (z.B. Rückfragen der Befragungsperson als Hinweis auf Verständnisprobleme im Zusammenhang mit der Frageformulierung – kommen solche Rückfragen bei einer bestimmten Frage häufiger vor, scheint ihr Sinn unklar zu sein).

In der ZUMA-Feldabteilung wird das Verfahren seit Jahren modifiziert eingesetzt. Die Modifikation besteht in einer Verbindung zwischen traditionellem Behaviour Coding und Beobachtungspretest. Wie sieht das aus?

Die Bewertung wird nicht vom Coder nach dem Interview, sondern vom *Interviewer während* des Interviews vorgenommen. Bedingung ist, dass das Codesystem auf das Notwendigste reduziert ist. Das heißt, das Befragtenverhalten wird während des Interviews mittels einer Codeziffer nur im Hinblick darauf bewertet, ob es im Sinne der Fragestellung adäquat oder nicht adäquat ist. *Zusätzlich* beschreibt der Interviewer im Anschluss an das Interview für jede inadäquate Verhaltensweise in einem Interviewererfahrungsbericht möglichst detailliert das Befragtenverhalten.

Der Vorteil dieses Vorgehens besteht darin, dass man neben dem quantitativen Häufigkeitswert als Qualitätsindikator auch die konkrete Ursache für den Qualitätsmangel einer Frage kennt. Also: Quantifizierung von Verhaltensweisen plus qualitative Beschreibung des Problems.

In der Literatur wird auf diese Art der Anwendung des Behaviour Codings (vgl. Prüfer und Rexroth 1996) nicht verwiesen, und unseres Wissens wird es auch außer bei ZUMA in der Praxis so nicht angewendet. Für den Interviewer bedeutet es eine hohe Anforderung, die nur durch entsprechende Schulungsmaßnahmen erfüllt werden kann. Das Verfahren hat sich bei ZUMA als sinnvolle Variante des Pretesting bewährt.

5.1.3.3   Die ALLBUS-Pretests

Abgesehen vom ALLBUS 1994, bei dem bereits zumindest ansatzweise neue Pretestverfahren zum Einsatz gekommen waren, ist bis zum ALLBUS 1996 bei ZUMA ausschließlich ein konventioneller Beobachtungspretest durchgeführt worden. Die Pretest-Interviews wurden je zur Hälfte von Interviewern des ZUMA-Interviewerstabes und von Mitarbeitern des jeweiligen Datenerhebungsinstituts durchgeführt. Die Stichprobengröße belief sich dabei auf ca. 40 Befragungspersonen, die entweder per Quote oder nach einem Zufallsverfahren ausgewählt worden sind. Da Zufallsverfahren zur Ermittlung von Zielpersonen in Kapitel 5.2 näher beschrieben werden, wollen wir uns hier nur mit der Quotenstichprobe befassen.

Bei einer Quotenstichprobe werden die zu befragenden Personen nicht zufällig ermittelt, sondern anhand vorgegebener „Quoten". Quoten sind dabei nichts anderes als die Summe von Ausprägungen bestimmter demographischer Merkmale bzw. Merkmalskonstellationen. Unter Berücksichtigung der ihnen vorgegebenen Auswahlkriterien obliegt die Festlegung der tatsächlichen Befragungspersonen ausschließlich den Interviewern.

Ein Interviewer erhält z.B. den Auftrag, Frauen zwischen 35 und 49 Jahren mit Hauptschulabschluss zu interviewen; die Auswahlkriterien sind also die Zuordenbarkeit zu den Merkmalsausprägungen Geschlecht = „weiblich", Alter = „35 bis 49 Jahre" und Schulbildung = „Hauptschulabschluss". Die Auswahl der konkreten Befragungsperson, auf die diese Kriterien zutreffen müssen, liegt dann allein beim Interviewer.

Die Erfahrungen mit der Pretest-Befragung werden von den Interviewern schriftlich dokumentiert und dann bei ZUMA und beim Institut einer Auswertung unterzogen. Die Auswertung beschäftigt sich mit der zeitlichen Dauer der Interviews, mit technischen Details des Gesamtinstruments und seiner Bestandteile, mit semantischen Problemen der Fragen und Antwortvorgaben, mit der Eindeutigkeit und Durchführbarkeit der Interviewer-Anweisungen, mit der Filterführung, der optischen Darbietung des Fragebogens (Layout), mit Reaktionen des Befragten auf den gesamten Fragebogen und auf Einzelfragen, usw. Kurz gesagt betrachtet die Pretestanalyse den Pretest von der Seite der technischen Qualität des Fragebogens und seiner Umsetzbarkeit und Umsetzung in der Erhebungssituation.

Diese Art der Pretestanalyse, die bei ZUMA als „qualitative Pretestanalyse" bezeichnet wird, ist nun offen gesagt weniger ein exakt „wissenschaftliches" Verfahren als – hier ist der Ausdruck gerechtfertigt – eine Art „Kunstlehre". Da es keine wissenschaftlich ausgearbeiteten Grundlagen der qualitativen Pretestanalyse gibt, ist man hier verstärkt auf Erfahrungen und Sachverstand der Auswerter angewiesen. Damit kommt an dieser Stelle des Projektablaufs ein stark subjektiv geprägtes Element in der Entwicklung eines Fragebogens zum Wirken. Eine Strategie, mit der die Subjektivität des Verfahrens allerdings etwas eingeschränkt werden kann, ist die voneinander unabhängige Auswertung des Pretests durch zwei oder mehrere Pretestexperten. Sie entscheiden im Zweifel gemeinsam, ob und wie z.B.

eine Frage aufgrund der Pretestergebnisse modifiziert oder ob sie besser gleich ganz gestrichen werden sollte.

Beim Pretest zum ALLBUS 1998 kamen über den Standard-Beobachtungspretest hinausgehende Pretestverfahren zum Einsatz, vor allem deshalb, weil ZUMA in dieser Zeit sein neu entwickeltes Pretestkonzept „multi method pretesting" (Prüfer und Rexroth 1996) installiert hatte. Beim multi method pretesting kommen mehrere unterschiedliche Testverfahren im Verlauf der Fragebogenentwicklung zum Einsatz mit dem Ziel, Konstruktionsmängel bei Fragen effizienter aufzudecken als dies mit dem Standard-Pretest möglich ist. Dabei handelt es sich nicht um ein starres Konzept, sondern um eine dem jeweiligen Studiendesign „individuell" angepasste, flexible Kombination mehrerer, sowohl neuerer als auch etablierter Evaluationsverfahren aus dem Bereich der kognitiven Labortechniken.

Beim ALLBUS 1998 wurden unter Bezug auf multi method pretesting bei einer Reihe von Fragen folgende kognitive Pretesttechniken zum Einsatz gebracht:

Technik	Beispiel
Special probes	„Unter welchen Umständen würden Sie an einer Demonstration teilnehmen?"
Comprehension probes	„Könnten Sie mir sagen, was Sie unter einem 'Bürgerbegehren' verstehen?"
Information retrieval probes	„Wenn Sie noch einmal nachdenken: Erinnern Sie sich, in welchem Jahr Sie zum ersten mal an einer Demonstration teilgenommen haben?"
Paraphrasing	„Würden Sie bitte die Frage noch einmal in Ihren eigenen Worten wiederholen?"
Dimensional sort	„Die Begriffe 'einige Sorgen' und 'keine Sorgen' können für den Einzelnen unterschiedliche Bedeutung haben. Auf diesen Kärtchen stehen ähnliche Begriffe. Bitte legen Sie jedes Kärtchen auf das entsprechende Feld, je nachdem, ob es Ihrer Meinung nach eher zu 'einige Sorgen' oder eher zu 'keine Sorgen' gehört:"

Technik	Beispiel
Dimensional sort (Fortsetzung)	„A) Es beunruhigt mich schon etwas B) Ich denke häufiger darüber nach C) Ich mache mir Gedanken darüber D) Das kümmert mich nicht E) Das ist mir egal F) Ich habe ein unangenehmes Gefühl"
Retrospective think aloud	„Als Sie eben die Frage beantwortet haben, an was haben Sie da gedacht? Was ist Ihnen alles durch den Kopf gegangen, bis Sie die Antwort gegeben haben?"
concurrent think aloud	„Bei der Frage, die ich Ihnen nun stelle, geht es darum zu erfahren, woran Sie denken, bevor Sie die Frage beantworten. Deshalb bitte ich Sie, laut zu denken. Überlegen Sie sich nicht lange vorher, was Sie sagen wollen, oder versuchen Sie nicht zu erklären, was Sie sagen wollen, sondern verhalten Sie sich einfach so, als ob Sie allein im Zimmer wären und mit sich selbst sprechen würden. Das was Sie sagen, muss also nicht gut überlegt sein, sondern kann einfach Ihre Alltagssprache sein. Bitte formulieren Sie alle Überlegungen laut, auch das, was Ihnen vielleicht Schwierigkeiten macht oder was Sie nicht beantworten können. Die Frage lautet: ...."

5.2   Grundgesamtheiten und Stichproben

Einmal angenommen, wir wollten alle Professoren (Professorinnen gibt es dort leider nicht) des Instituts für Soziologie der FernUniversität – Gesamthochschule – in Hagen dazu befragen, was sie von diesem Buch halten; eine Reise durchs Internet zeigt, dass es (Stand 30. November 1999) deren vier gibt. Die Frage, wen davon man für die Umfrage auswählen könnte, ist rein rhetorischer Natur – wir nehmen natürlich alle. Technisch gesprochen führen wir eine *Voller-*

hebung an der Population aller Professoren des Instituts für Soziologie durch.

Jetzt wollen wir mehr. Alle Professorinnen und Professoren der FernUniversität sollen sich zu dem Werk äußern dürfen. Aus gleicher Quelle wie oben wissen wir, dass deren Zahl etwa 80 beträgt. 80 Befragungspersonen – kein Problem. Wir machen erneut eine Vollerhebung, diesmal an der Population aller Professorinnen und Professoren der FernUniversität Hagen.

Dies kann man natürlich nur bis zu einem gewissen Punkt treiben. Sollten wir an eine Befragung aller Lehrstuhlinhaber an deutschen Universitäten denken oder gar aller des Lesens und Schreibens kundiger Deutscher, ist eine Begründung für den Verzicht auf eine Vollerhebung nicht mehr erforderlich.

Eine Vollerhebung, also die Befragung aller zu einer beliebigen Population gehörenden Personen ist nur dann sinnvoll und möglich, wenn die Anzahl der betreffenden Personen relativ gering ist (es sei denn, wir hätten alle Zeit und alles Geld der Welt) und die Personen definitiv bekannt, also vollständig auflistbar sind.

Wenn dies nicht der Fall ist (und für die Mehrzahl aller Umfragen im sozialwissenschaftlichen Bereich trifft das zu), werden wir wohl mit *Stichproben* arbeiten müssen und aufgrund der Ergebnisse der in der Stichprobe befragten Personen auf die Ergebnisse schließen, die wir erzielt hätten, wenn wir auch hier eine Vollerhebung hätten durchführen können. Dass man dies – vorausgesetzt man zieht die Stichprobe „richtig" – kann, verdanken wir den in der Übersicht über die Entwicklung der Umfrageforschung in Kapitel 2 erwähnten Arbeiten von Graunt und Petty, von Pascal und Bernoulli. Sie legten die stichprobentheoretische Grundlage für den Schluss von einer Stichprobe auf eine Grundgesamtheit oder Population (Repräsentationsschluss), eine Möglichkeit, über die Heine von Alemann (1984: 90) nicht unberechtigterweise mit etwas Pathos schreibt:

„Diese Erkenntnis, dass man von einer relativ kleinen Zufallsauswahl auf eine Grundgesamtheit schließen kann, hat, daran kann kein Zweifel sein, die sozialwissenschaftliche Forschung revolutioniert, denn erst so wurde die Voraussetzung dafür geschaffen, ohne übermäßigen Kostenaufwand sichere Aussagen über große Grundgesamtheiten machen zu können."

Wir wollen uns nun näher beschäftigen mit dem, was sich hinter den oben angesprochenen Begriffen Population, Stichprobe und „richtiges" Ziehen verbirgt, und wir wollen dies tun aus der Sicht des empirischen Umfrageforschers, der eine Befragung durchführen will. Mathematische Überlegungen und die Ableitung der stichprobentheoretischen Grundlagen werden weitgehend ausgespart; in den einschlägigen Lehrbüchern zu Methoden der empirischen Sozialforschung (z.B. Diekmann 1995, Friedrichs 1990, Schnell u.a. 1995, von Alemann 1984) kann dieses Defizit schnell und aus sachkundigen Texten behoben werden. Dass wir dabei den ALLBUS nicht aus den Augen verlieren wollen, versteht sich von selbst.

Die Voraussetzung für das Ziehen einer Stichprobe ist das Vorhandensein einer *Grundgesamtheit* oder *Population*. Die Grundgesamtheit besteht aus der Menge aller Personen oder Elemente, die aufgrund des Forschungsziels der Forscherin bzw. des Forschers und/oder der Thematik der Studie prinzipiell als Zielperson für ein Interview im Rahmen eines Forschungsprojekts in Frage kommen. Bei einer Wahlstudie kann die Grundgesamtheit definiert werden als die Menge aller wahlberechtigten Personen in Deutschland, in Nordrhein-Westfalen oder in Hagen, bei einer industriesoziologischen Studie können alle Mitarbeiter und Mitarbeiterinnen eines bestimmten Industriebetriebes die Grundgesamtheit bilden, bei einer familiensoziologischen Studie alle Mütter mit Kindern unter 16 Jahren in Baden-Württemberg. Man kann sich leicht weitere Beispiele für die Definition von Grundgesamtheiten einfallen lassen.

Es gibt Grundgesamtheiten, die exakt zu definieren sind (alle Studierenden an der FernUniversität Hagen im Wintersemester 1998/99) ebenso wie solche, die nur tendenziell zu definieren sind (alle Deutschen in Privathaushalten in Deutschland am 1. September 1998). Im ersteren Fall gibt es irgendwie geartete Listen, in denen alle Elemente aufgelistet sind (Studierendenverzeichnis), im letzteren Fall gibt es solche Listen nicht, man tut aber im Prinzip so, als ob solche Listen existierten. Das Vorhandensein solcher Listen und das vollständige Wissen um die dort aufgelisteten Personen oder Elemente wird von Bedeutung, wenn man, wie wir das in Kapitel 5.4.5 tun werden, nach der „*Repräsentativität*" der Stichprobe für die Grundgesamtheit fragt.

Als überschaubare und begrenzte Teilmenge der Personen oder Elemente der Grundgesamtheit wird dann die *Stichprobe* gezogen, wobei man unterschiedliche Auswahlverfahren zum Einsatz bringen kann. In Anlehnung an Böltken (1976) lassen sich Stichprobenverfahren unterteilen in Wahrscheinlichkeitsauswahlen (Zufallsauswahlen), bewusste Auswahlen und willkürliche Auswahlen. *Willkürliche Auswahlen* sind solche, bei denen stichprobentheoretische Überlegungen und stichprobentechnische Kriterien keine Rolle spielen: man wählt zum Beispiel bei einer Passantenbefragung jede beliebige Person aus, die gerade des Weges kommt und fröhlich dreinschaut. Bei einer *Quotenauswahl* werden Personen danach ausgewählt, dass sie bestimmten Ausprägungen einer oder mehrerer Variablen entsprechen, z.B. weiblich sind, zwischen 35 und 49 Jahren alt und über einen Hauptschulabschluss verfügen (vgl. Kapitel 5.1.3.3); alle anderen denkbaren Merkmale spielen bei der Auswahl keine Rolle, der Interviewer entscheidet letztlich selbst, wen er – unter Berücksichtigung der Quotenmerkmale – befragt. *Wahrscheinlichkeitsauswahlen* schließlich sind die einzigen Verfahren, die zu Zufallsstichproben führen; für sie gilt, dass für jedes Element der Grundgesamtheit eine von Null verschiedene, gleiche und angebbare Auswahlwahrscheinlichkeit vorhanden sein muss. Im Grunde sind es einzig die Zufallsstichproben, die den Schluss von der Stichprobe auf die Grundgesamtheit zulassen, weil alle Kalküle zur Abschätzung von Fehlerintervallen die Annahme einer Wahrscheinlichkeitsstichprobe voraussetzen. Mit dieser Frage werden wir uns noch zu beschäftigen haben. Hier wollen wir – bevor wir uns wieder näher dem ALLBUS zuwenden – nur noch darauf hinweisen, dass es ganz unterschiedliche Arten der Wahrscheinlichkeitsauswahl gibt (einfache Zufallsstichproben, mehrstufige Zufallsstichproben, geklumpte und geschichtete Auswahlen), ohne uns aber näher damit zu beschäftigen; auch hier mag der Verweis auf die einschlägigen Methodenlehrbücher ausreichend sein. Beschäftigen wir uns mit dem ALLBUS.

Die Grundgesamtheit der ALLBUS-Umfragen war bis einschließlich 1990 definiert als „alle Personen mit deutscher Staatsangehörigkeit, die in der Bundesrepublik Deutschland (incl. West-Berlin) in Privathaushalten wohnen und bis zum Zeitpunkt der Befragung das 18. Lebensjahr vollendet hatten". Diese Definition schließt eine nicht unbeachtliche Anzahl von in Deutschland lebenden Personen von vornherein aus der Grundgesamtheit aus, z.B. ausländische Mitbürger, Anstaltsbewohner, Nichtsesshafte, Jugendliche unter 18 Jahren; sie ist pragmatisch, weil sie gerade bestimmte schwer zu erreichende oder schwierig zu befragende Bevölkerungsteile ausklammert. Demzufolge ist sie unter rein wissenschaftlichen Gesichtspunkten nicht ganz zu Unrecht kritisiert worden (Schnell 1991b). Seit der Baseline-Studie 1991 sind nicht nur Personen in den neuen Bundesländern Teil der Grundgesamtheit geworden, was ihre Struktur nicht verändert hätte, sondern auch Ausländer in Privathaushalten in Deutschland, wobei diese nur dann befragt werden sollten, „wenn das Interview in deutscher Sprache durchgeführt werden kann". Diese Erweiterung der Grundgesamtheit bringt gegenüber der vorherigen unter der möglichen Zielsetzung einer Wohnbevölkerungsbefragung eine gewisse Verbesserung, auch wenn die Beschränkung auf die Möglichkeit, die Befragung in deutscher Sprache durchführen zu können, unter dem Gesichtspunkt einer Verzerrung der Ergebnisse eher problematisch erscheint; es ist zu erwarten, dass Ausländer, die der Befragung in deutscher Sprache folgen können, sich systematisch von denjenigen unterscheiden, die das nicht können und deshalb nicht befragt werden.

Das Auswahlverfahren, also die Art der Stichprobenziehung, hat sich beim ALLBUS im Laufe der Zeit wiederholt verändert; welchen Einfluss diese Veränderungen auf die Zeitreihenfähigkeit der ALLBUS-Daten hat, ist ungeklärt. Auf alle Fälle wird der Norm exakter Replikation damit nicht Genüge getan.

Vom ersten ALLBUS 1980 bis einschließlich 1992 kam ein dreistufiges Stichprobenverfahren zum Einsatz, das auf dem sogenannten ADM-Stichprobenverfahren oder auf analogen Verfahren basierte. Was haben wir darunter zu verstehen?

Das *ADM-Stichprobenverfahren* (vgl. ADM, Hrsg., 1979; Kirschner 1984; Arbeitsgemeinschaft ADM-Stichproben und Bureau Wendt 1994; Hoffmeyer-Zlotnik 1997) ist von der Arbeitsgemeinschaft Deutscher Markt- und Sozialforschungsinstitute (ADM) entwickelt worden, um Stichproben für nationale Repräsentativbefragungen zu gewinnen; es handelt sich dabei um ein mehrstufiges (im Falle des ALLBUS dreistufiges) geschichtetes Ziehungsverfahren.

Wir haben dabei folgende Ausgangssituation:

Deutschland ist aufgeteilt in eine Vielzahl überschneidungsfreier Teilflächen, die als primary sampling units (psu) oder als *sample points* bezeichnet werden. Diese sample points sind nichts anderes als Stimmbezirke bei der letzten Bundestagswahl; um zu kleine sample points zu vermeiden, werden alle Stimmbezirke mit weniger als 400 Wahlberechtigten mit benachbarten Stimmbezirken zu „synthetischen Stimmbezirken" zusammengefasst. Auf diese Weise kommen im Westen ca. 50.000, im Osten ca. 14.000 sample points zustande.

Diese *Hauptstichprobe* wird nun ihrerseits in sich nicht überlappende Unterstichproben der Größe 210 aufgeteilt[44]; diese bilden mithin systematische Stichproben aus der Hauptstichprobe (also aus allen sample points) und werden als *Netze* bezeichnet. Die Hauptstichprobe bildet gemeinsam mit den Kennungen für die Netze das sogenannte „*ADM-Mastersample*".

Aus diesem Mastersample werden für den ALLBUS auf der *ersten Stufe* der Stichprobenziehung drei Netze ausgewählt; man kommt so zu 630 sample points.[45] Da es keine Auflistung von Haushalten innerhalb der sample points gibt, müssen die potentiellen Zielhaushalte vor Ort ermittelt werden.

Auf der *zweiten Stufe* des Stichprobenverfahrens kommt es deshalb zur *Auswahl der Haushalte* in den ausgewählten sample points. Diese Auswahl wechselte beim ALLBUS mit einer gewissen Regelmäßigkeit zwischen einem random route- und einem adress random-Verfahren hin und her.

Beim *random route-Verfahren* bekommt der Interviewer eine Startadresse (Beispielstraße 10) innerhalb des sample points und präzise Begehungsvorschriften durch das Institut vorgegeben. Er startet also an der Beispielstraße 10 und folgt genau den Anweisungen der Begehungsvorschrift: „Sie stehen mit dem Rücken zur Beispielstraße 10 und wenden sich nun nach links" oder: „Bleiben Sie

---

[44] Die Zahl 210 ist eine Konvention, die im Westen „historische" Gründe hat; sie wurde zunächst auch im Osten festgelegt, Ende 1996 dort aber auf 48 sample points pro Netz reduziert.

[45] Diese Zahlen betreffen die Umfragen 1980 bis 1984 und 1988; sie sind bei den anderen auf dem ADM-Verfahren basierenden ALLBUS-Umfragen anders. Da es hier um das Prinzip der Stichprobenziehung geht, wollen wir das nicht näher vertiefen. Genaue Angaben dazu finden sich in Übersicht 1 in Kapitel 4.4.

immer auf der gleichen Straßenseite, auch wenn Sie abbiegen müssen" usw.[46]

Auf seiner „random route" wählt der Interviewer nun nach einer vorgegebenen „Schrittweite" (z.B. „jeder 8. Haushalt") diejenigen Haushalte aus, in denen eine Befragung stattfinden soll, und er führt die Befragung auch gleich durch, zumindest versucht er das.

Dieses Verfahren ist in der Praxis nicht ganz unproblematisch und nur unter außerordentlichen Mühen kontrollierbar: Wie präzise und vor Ort umsetzbar sind die Begehungsvorschriften? Hat sich der Interviewer an die Begehungsregeln gehalten? Was passiert, wenn der Interviewer auf seinem Weg die Grenzen des sample points überschreitet? Gibt es objektiv vorhandene Problemfälle, wie z.B. nicht erkennbare Hinterhöfe? Ist der Interviewer bestimmte schwierige Haushalte (Hochhäuser, Villen) auch tatsächlich angelaufen? Hat er wirklich jeden x-ten Haushalt ausgewählt oder nur diejenigen, in denen gerade jemand zu erreichen war?

Um zumindest einige dieser Probleme in den Griff zu bekommen, wird anstelle des random route-Verfahrens ein *adress random* eingesetzt. Beim adress random kommt es ebenfalls zunächst zu einer Begehung und dabei einer Auflistung von Haushalten, nur dass hier der Auflister die Interviews nicht selbst und während der Begehung durchführen muss. Vielmehr wird die vollständige Haushaltsliste an das Institut zurückgegeben, wo die zu befragenden Haushalte aus dieser Liste ausgewählt werden. Im Idealfall muss dann ein zweiter Interviewer die ausgewählten Haushalte aufsuchen und sich dort um ein Interview bemühen.[47]

Der Vorteil gegenüber dem random route-Verfahren liegt auf der Hand: Beim adress random ist eindeutig, in welchen Haushalten zu befragen ist; der Interviewer erhält eine konkrete Adressenliste, und nur in den dort angeführten Haushalten sollen Interviews durchgeführt werden. Natürlich können auch hier bei der Begehung Auflistungsfehler auftreten, aber der Begeher muss sich nicht vor schwieri-

---

[46] „Echte" random route-Begehungsvorschriften finden sich zum Beispiel im Anhang zu Porst (1996b).

[47] „Im Idealfall" deshalb, weil in der Realität häufig der gleiche Interviewer in einem zweiten Anlauf die aufgelisteten Haushalte erneut aufsucht. Dies resultiert schlicht aus der Nicht-Verfügbarkeit eines zweiten Interviewers in dem sample point.

gen Haushalten „drücken" und statt des 8. den 7. oder 9. Haushalt auswählen (er muss ja kein Interview durchführen). Die Kontrolle der Arbeit der Interviewer ist einfacher, weil im Zweifel nicht der gesamte Zufallsweg überprüft werden muss, sondern nur noch das Einhalten der vorgegebenen Adressen.

Auf der *dritten Stufe* kommt es dann zur *Auswahl der zu befragenden Personen* in den ausgewählten Haushalten. Es leuchtet unmittelbar ein, dass man dabei nicht einfach diejenige Person im Haushalt auswählen kann, die gerade die Tür aufmacht oder befragungsbereit ist; eine Überrepräsentierung von (Haus-)Frauen wäre genau so sicher zu erwarten wie eine Überrepräsentierung von älteren Befragten. Also muss auch in den Haushalten durch ein Zufallsverfahren eine verzerrungsfreie Stichprobe in Angriff genommen werden.

Die zufällige Auswahl der Befragungsperson im Haushalt wird beim ALLBUS mit Hilfe des sog. *„Schwedenschlüssels"* vorgenommen. Beim Schwedenschlüssel werden zunächst alle Mitglieder des Haushaltes dem Alter nach aufgelistet, und dann wird anhand einer Zufallszahl, die auf dem Kontaktprotokoll vermerkt ist, die Befragungsperson ermittelt. Man kann sich vorstellen, dass die Auflistung aller Haushaltsmitglieder zum einen mühsam ist, zum anderen aber auch Misstrauen bei den Befragungshaushalten bewirken könnte. Deshalb kommen bei vielen Umfragen weniger aufwendige und weniger „furchterregende" Verfahren zum Einsatz: Befragt wird diejenige Person im Haushalt, die zuletzt Geburtstag hatte (*last birthday-Verfahren*) oder die als nächstes Geburtstag haben wird (*next birthday-Verfahren*). Diese Verfahren erfüllen zunächst einmal den gleichen Zweck wie der Schwedenschlüssel, sind aber im Feld wesentlich unproblematischer zu handhaben. Da man mit diesen Verfahren allerdings – im Gegensatz zum Schwedenschlüssel – keine Informationen über den Haushalt insgesamt erhält, damit keine Kontrolle über die korrekte Auswahl der richtigen Zielperson hat, hält der ALLBUS nach wie vor am Schwedenschlüssel fest.

Soweit zum Stichprobenverfahren nach dem ADM-Design. Bei den ALLBUS-Umfragen 1994 und 1996 kam mit einer *Gemeindestichprobe* mit anschließender *Ziehung von Adressen aus Einwoh-*

nermelderegistern[48] ein vollkommen anderes Stichprobenverfahren zum Einsatz. Diese Stichprobe basiert in den alten Bundesländern auf Informationen aus der letzten Volkszählung und der Bevölkerungsfortschreibung, in den neuen Bundesländern aus Informationen aus dem ehemaligen DDR-zentralen Einwohnerregister.

Das Verfahren ist zweigestuft: Auf der ersten Stufe werden alle Gemeinden nach regionalen Kriterien und nach ihrer Gemeindegrößenklasse geschichtet. Die Auswahl der Gemeinden erfolgt dann mit einer Auswahlwahrscheinlichkeit, die proportional zur Zahl der Einwohner ist, die potentiell in die Grundgesamtheit fallen. Bei den ALLBUS-Umfragen 1994 und 1996 kommen wir so zu 104 Gemeinden mit 111 sample points in den alten, zu 47 Gemeinden mit 51 sample points in den neuen Bundesländern. In der zweiten Stufe werden die ausgewählten Gemeinden um Ziehung einer bestimmten Anzahl von Personenadressen nach einem Zufallsverfahren aus den Einwohnermelderegistern gebeten. Der Interviewer erhält so letztendlich eine Liste von eindeutig definierten *Personen*, die er zu interviewen hat.

Dieses Verfahren ist relativ aufwendig, insbesondere was die Kontaktierung der Gemeinden und das Ergebnis deren Ziehungsarbeit angeht, weist aber im Vergleich zum ADM-System eine Reihe von Vorteilen auf (vgl. dazu Koch u.a. 1994: 52ff), unter anderem:

☐ Die Stichprobenziehung erfolgt vollständig im Institut, die Interviewer haben keinerlei Einfluss auf die Auswahl der Zielpersonen.

☐ Die Ausschöpfungsquote stellt „einen verlässlicheren Indikator für das tatsächliche Teilnahmeverhalten (dar) als die entsprechende Quote einer ADM-Stichprobe, bei der ein undokumentiertes Abweichen der Interviewer von den Vorgaben nicht ausgeschlossen werden kann" (Koch u.a. 1994: 55).

☐ Da für alle Personen der Stichprobe gewisse Merkmale wie Geschlecht, Alter, deutsche/nichtdeutsche Staatsangehörigkeit bekannt sind, können zumindest ansatzweise Informati-

---

[48] Die Ziehung von Personenstichproben aus Einwohnermelderegistern ist für Forschungszwecke rechtlich zulässig, wenn die Durchführung einer Umfrage wie dem ALLBUS im „öffentlichen Interesse" liegt.

onen über das Ausfallgeschehen gewonnen werden: Unterscheiden sich die Teilnehmer in diesen Merkmalen systematisch von den Nichtteilnehmern?

Dass beim *ALLBUS 1998* dennoch von dieser Vorgehensweise wieder abgewichen und erneut ein ADM-Design zugrundegelegt worden ist, wurde denn auch weniger mit methodischen Überlegungen begründet als mit finanziellen: Die Gemeindestichprobe ist schlicht erheblich teurer als die Stichprobe nach dem ADM-Verfahren.

Ergebnis der Stichprobenziehung ist – ungeachtet ihrer Art – die *Bruttoausgangsstichprobe*, also die Menge aller den Interviewern für die Durchführung einer bestimmten Umfrage übergebenen Haushalts- bzw. Personenadressen. Sie ist die wesentliche Voraussetzung für die Berechnung des Ausschöpfungsquotienten; damit werden wir uns später noch zu beschäftigen haben. Hier sei nur schon einmal darauf hingewiesen, dass die Bruttoausgangsstichprobe bei der Gemeindestichprobe exakt definiert werden kann als „alle Personen, deren Adresse an die Interviewer weitergegeben worden ist"; analog besteht die Bruttoausgangsstichprobe beim adress random aus allen Haushalten, deren Adresse an die Interviewer weitergegeben worden ist. Beim random route ist eine exakte Ermittlung der Bruttoausgangsstichprobe im Prinzip gar nicht möglich, weil es hier nirgendwo eine exakte und komplette Auflistung aller ausgewählten Befragungspersonen oder Befragungshaushalte gibt (es sei denn, man geht davon aus, dass die Interviewer bei ihrer Arbeit fehlerfrei und ehrlich gearbeitet haben); nichtsdestotrotz werden auch für random route-Studien Bruttoausgangsstichproben festgelegt (als Menge aller Haushalte, die von den Interviewern nach eigenen Angaben bearbeitet worden sind) und Ausschöpfungen berechnet.

5.3   Durchführung von Feldern und Feldprobleme

War der gesamte Forschungsprozess – sieht man einmal von den Problemen beim random route ab – bis zu diesem Zeitpunkt mehr oder weniger unter Kontrolle des Forschers, so reduziert sich dessen Einfluss nachhaltig, wenn es um die Durchführung des Feldes geht, also um die Abwicklung der Befragung vor Ort. Was genau „im Feld" passiert, entzieht sich dem Forscher zumeist, und zwar unabhängig davon, ob er die Durchführung seiner Befragung an ein privatwirtschaftlich organisiertes Institut vergibt oder die Befragung selbst – etwa mit Studenten oder Mitarbeitern – durchführt; zugegebenermaßen ist die Chance einer Kontrolle bei einer in Eigenregie durchgeführten Befragung aus mancherlei Gründen größer als bei einem Umfrageinstitut. Dies ist weniger eine Kritik an den Instituten, die sich zumeist redlich und effizient um ihre Felder bemühen, als eher eine Tatsachenfeststellung: Mit Interviewern und Befragungspersonen übernehmen im Feld Akteure die Initiative, über die man nur wenig weiß und die man nur bedingt unter Kontrolle bringen kann.

Noch ein Wort zu den Umfrageinstituten: Selbstverständlich können die Institute in der Regel nicht daran interessiert sein, dass die Anforderungen des Forschers die üblichen institutseigenen Routinen erschweren, dass er ihnen zu sehr in die Karten schaut oder gar in die konkreten Arbeitsabläufe eingreift. Dies ist – versetzt man sich in die Lage der Institute – durchaus verständlich. Andererseits sind die Institute doch häufig bemüht, ihre Arbeit dem Auftraggeber transparent zu machen, wenn dieser es denn will. Vertragliche Vereinbarungen und Verhandlungsgeschick des Forschers öffnen hier manche Tür – aber beileibe nicht alle, und der Blick hinter die Türen zeigt dem Forscher nicht immer das, was er eigentlich sehen möchte oder was zu sehen wichtig wäre.

Bei der Durchführung von Feldern („Feldarbeit") und den dabei auftretenden Problemen müssen wir folgende Fragen diskutieren:

 ☐ Unter welchen allgemeinen Rahmenbedingungen finden Befragungen statt?

 ☐ In welchen Phasen der Feldarbeit entziehen sich Interviewer und Befragungspersonen dem Einfluss der Forscher?

 ☐ Welche Auswirkungen hat dies auf die Datenqualität?

 ☐ Welche Maßnahmen tragen dazu bei, Interviewern und Befragten die Umsetzung der ihnen angesonnenen Rollenerwartungen zu ermöglichen und sie gegebenenfalls zur Einhaltung dieser Rollenerwartungen zu disziplinieren?

Beginnen wir mit den allgemeinen Rahmenbedingungen.

5.3.1   Rahmenbedingungen

Befragungen finden nicht im luftleeren Raum statt, sondern sind Bestandteil einer zeitlich-räumlich definierten allgemeinen Kultur. Dass sich unterschiedliche Akteure (Medien, Politiker, etc.) innerhalb dieser Kultur auf unterschiedliche – und vom Urheber einer Umfrage nicht unbedingt immer intendierten – Weise mit Umfragen und ihren Ergebnissen beschäftigen und dadurch selbst wiederum die Bewertung von Umfrage(ergebnisse)n innerhalb dieser Kultur beeinflussen, ist bekannt. Darüber hinaus wirken sich Momente der allgemeinen Kultur aber auch in sehr konkreter Weise auf den Prozess der Datenerhebung selbst und das Engagement der darin vorrangig agierenden Akteure Interviewer und Befragungspersonen aus.

Umfragen, zumal sozialwissenschaftliche, sind heute – darüber sind sich zumindest Vertreter namhafter deutscher Umfrageinstitute weitgehend einig (vgl. Porst 1996b: 17ff) – schwieriger zu realisieren als das früher der Fall war. Als Ursachen dafür gelten ganz allgemein (vgl. ebenda: 21ff)...

☐ allgemeine gesellschaftliche Veränderungen (z.B. Zunahme der Single-Haushalte, hohe Mobilität und dadurch schlechtere Erreichbarkeit von Personen, abnehmende Bereitschaft zur gesellschaftlichen Partizipation insgesamt),

☐ der Stellenwert von Umfragen generell (z.B. mangelnde Aufklärung über Sinn und Nutzen von Umfragen, wahrgenommene oder behauptete „Beliebigkeit" der Ergebnisse),

☐ Veränderungen in der Bedeutung der informationellen Selbstbestimmung (geänderte Einschätzung des Wertes von Information, Furcht vor Eingriffen in die Privatsphäre, Datenschutz-Diskussion),

☐ Furcht vor Kontakten mit Fremden (z.B. Angst vor Kriminalität und Haustürkäufen, Zunahme von Vertreterbesuchen),

☐ Forschungs- und Methodenprobleme (z.B. hoher Zeitdruck, hohe Kosten, zu lange Interviews, monotones Abfragen, für die Befragten uninteressante Fragen) und

☐ Institutsprobleme (z.B. Motivierung der Interviewer, relativ niedrige Honorare).

Einige dieser Ursachen (die Zunahme der Single-Haushalte ebenso wie die abnehmende Bereitschaft zur gesellschaftlichen Partizipation) befinden sich außerhalb der Beeinflussungsmöglichkeiten durch
die am Umfrageprozess beteiligten Akteure, andere (der Stellenwert
von Umfragen oder der Umgang mit ihren Ergebnissen) sind von den
am Umfrageprozess beteiligten Akteuren prinzipiell beeinflussbar
und sollen auch beeinflusst werden, und wieder andere schließlich
(Dauer der Interviews, Motivierung der Interviewer) können von den
am Umfrageprozess beteiligten Akteuren direkt und konkret beeinflusst und behoben werden.

Wir wollen uns im folgenden vorrangig mit den zuletzt genannten
Ursachen beschäftigen.

5.3.2   *Feldgeschehen und Schwachstellen im Feld*

Ein Umfragefeld beginnt für den Interviewer dann, wenn er sich auf
die Suche nach dem Zielhaushalt bzw. der Zielperson macht, und das
Feld endet, wenn er den ausgefüllten Fragebogen an das Institut
zurückgibt oder – im negativen Fall – wenn seine Bemühungen um
eine Zielperson mit einem finalen Ausfall enden; dies soll nicht heißen, dass vor dieser Phase in den Instituten nicht bereits zentrale und
die Feldarbeit zentral beeinflussende Aktivitäten ablaufen (z.B. Auswahl und Schulung von Interviewern). Die Schwachstellen im Feld
liegen nun im Prinzip überall dort, wo der Forscher oder das Institut
wohl mittelbaren, aber nicht unmittelbaren Einfluss auf die ablaufenden Prozesse haben, nämlich bei der *Ermittlung der Zielhaushalte
bzw. Zielpersonen* durch die Interviewer, in der *Kontakt-* und in der
Durchführungsphase eines Interviews.[49]

Mit den Problemen bei der Ermittlung der Zielhaushalte bzw. der
Zielpersonen haben wir uns bereits in Kapitel 5.2 beschäftigt; wir
können deshalb sofort zur Kontakt- und zur Durchführungsphase
schwenken.

---

[49] wobei die Trennung der Feldarbeit in diese drei Phasen eher analytischer
Natur ist und nur aus Gründen einer klareren Darstellung vorgenommen
wird und auch nur dafür Sinn macht.

In der *Kontaktphase* wirken sich die Unfähigkeit oder die Unwilligkeit des Interviewers aus, eine korrekt ausgewählte Zielperson zur Teilnahme an der Befragung zu gewinnen. Unfähigkeit bedeutet dabei, dass es dem Interviewer trotz des Versuchs der Umsetzung der entsprechenden Schulungsmaßnahmen nicht gelingt, die Person zur Teilnahme zu „überreden"; Unwilligkeit bedeutet, der Interviewer versucht gar nicht erst, einen Kontakt anzubahnen oder einen angebahnten Kontakt zu einem positiven Ergebnis zu führen, weil er erkennt, dass eine Überredung mit unverhältnismäßig hohem Aufwand verbunden oder letztendlich gar unmöglich sein könnte. Wichtig ist also, dass der Interviewer (aus der Schulung oder aufgrund anderer Erfahrungen) Strategien kennt, wie man an der Haustür erfolgreich überzeugen kann, und er wird diese Strategien umso besser einsetzen können, je stärker er selbst von der Sinnhaftigkeit und Wichtigkeit seines Tuns überzeugt ist.

In der *Durchführungsphase* – also beim eigentlichen Interview – sind dann die „üblichen" Interviewerfehler nicht auszuschließen, die man grosso modo mit „Nichteinhaltung der Regeln des standardisierten Interviews" bezeichnen könnte: Nichteinhaltung der Vorgaben des Fragebogens, Verstoß gegen das der Interviewer-Rolle angesonnene Verhaltensrepertoire, technische Fehler, um nur einiges anzudeuten.

Interviewer machen aber bei der Durchführung des Interviews nicht nur Fehler aufgrund von Unfähigkeit oder Leichtfertigkeit, sie produzieren Fehler auch bewusst, indem sie versuchen, die Situation zu ihren Gunsten zu definieren; manchmal fälschen sie wohl auch Interviews.[50]

Diesem Problem wenden sich die Institute durch Interviewerkontrollen der unterschiedlichsten Art zu. Interviewerkontrollen oder zumindest deren glaubhafte Androhung stellen ein geeignetes Mittel

---

[50]   Auf spektakuläre Weise hat Dorroch (1994) diese Tatsache ins veröffentlichte Bewusstsein gerufen – wobei wir uns einer Bewertung der Aussagen von Dorroch hier enthalten wollen. Tatsache ist, dass Interviewer, denen Fälschungen definitiv nachgewiesen werden können, von den ADM-Mitgliedsinstituten an den ADM weitergemeldet werden, der wiederum seine Mitgliedsinstitute informiert, die angehalten sind, solche Personen nicht einzustellen bzw. solche, die bereits im Stab sind, gezielt zu überprüfen (Bliesch 1997, S. 13).

zur Disziplinierung der Interviewer dar; demzufolge legen die Institute besonderen Wert auf die Kontrolle der Interviewer (vgl. Bliesch 1997). Ein hinreichend großes und hinreichend deutlich gemachtes Risiko der Entdeckung unkorrekten Verhaltens ist ein geeignetes Mittel, zumindest „Gelegenheitstätern" unter den Interviewern Fehlverhalten zu verleiden. Ob dies ganz zu einer Verhinderung von Fälschungen führt, mag fraglich sein – im Grunde aber steht und fällt die Einhaltung in Schulungen erworbener Rollenerwartungen mit der Wahrscheinlichkeit, bei Verstoß gegen diese Rollenerwartungen überführt zu werden.

Eine weitere Maßnahme, mit der die Institute die Qualität der Feldarbeit sichern wollen, ist die – zumindest angestrebte – Beschränkung der Anzahl von Interviews, die ein Interviewer für eine bestimmte Studie im Höchstfall durchführen sollte. Um nämlich „selektives" Hören (Hyman 1954) als Fehlerquelle auszuschalten, sollten Interviewer nicht allzu viele Interviews absolvieren.[51]

Neben Schwachstellen und Fehlern, die explizit oder implizit den Interviewern anzulasten sind, ist die Durchführung der Feldarbeit an dieser Stelle aber auch durch die ausgewählten *Ziel- bzw. Befragungspersonen* gefährdet: Personen sind nicht erreichbar oder nicht teilnahmebefähigt, verweigern die Teilnahme an der Befragung, entsprechen nicht den Erwartungen an das Rollenrepertoire einer Befragungsperson, sind unfähig, der Befragung zu folgen oder antworten nicht ihrem „wahren Wert" entsprechend (aus welchen Gründen auch immer).

Die Befragungsperson, gerne als das schwächste Glied in der Kette bezeichnet, ist der einzige nicht-professionelle Teilnehmer am gesamten Umfrageprozess, und sie muss sich ohne Training auf die Ausübung einer ungewohnten Rolle einstellen. Und was noch wichtiger ist: Sie ist die einzige Person im gesamten Umfrageprozess, deren Fehlverhalten nicht sanktioniert werden kann. Bei der Befragungsperson haben wir zu unterscheiden zwischen der Teilnahmebereitschaft und der Bereitschaft, sich während der Befragung im Sinne des Forschers zu verhalten.

---

[51]   wobei die Einheit „nicht allzu viele" nicht näher quantifiziert wird und wohl auch nicht werden kann; wie so oft hängt auch hier alles von der spezifischen Umfrage, ihrer angestrebten Fallzahl etc. ab.

Die Teilnahmebereitschaft ist – neben einigen personalen Eigenschaften – von zweierlei abhängig, nämlich zum einen davon, ob eine Person der Ansicht ist, Umfragen seien generell etwas Sinnhaftes und Wichtiges, zum andern, ob die Person der Ansicht ist, ihre Teilnahme an der Umfrage sei mit irgendwelchen „Nutzen" (materiell oder immateriell) verbunden.

Handlungstheoretisch erklären sich – vereinfacht dargestellt – Teilnahme und Nichtteilnahme an einer Befragung nämlich über von der zu befragenden Person antizipierte Nutzen oder Kosten, die mit der Teilnahme verbunden sind. Überwiegen die erwarteten Kosten, ist mit Nichtteilnahme zu rechnen, überwiegt der erwartete Nutzen, dagegen mit Teilnahme. Teilnahme und Nichtteilnahme basieren auf einer rationalen Abwägung von Kosten und Nutzen und einer rationalen Entscheidung als Ergebnis dieser Abwägung.[52]

Kosten und Nutzen werden dabei nicht ausschließlich unter materiellen Gesichtspunkten wie Zeit oder Geld definiert; gerade die Entscheidung über Teilnahme oder Nicht-Teilnahme an einer Befragung basiert sehr oft auf der Erwartung immaterieller Vor- oder Nachteile.

So ist es nicht vorrangig die investierte Zeit, die die Kosten einer Teilnahme ausmachen; mit einer Befragung verbundene immaterielle Nachteile sind z.B. die Angst vor Verletzung der Privatsphäre durch den Interviewer, Angst vor Kontakten zu Fremden ganz allgemein, die Angst vor Missbrauch der preisgegebenen Informationen oder die Angst, sich durch Unwissenheit zu blamieren.[53]

Auf der anderen Seite sind es Aspekte wie die Erwartung eines angenehmen Gesprächs, die Abwechslung, die eine Befragung mit sich bringen könnte, das Gefühl, durch die Teilnahme etwas Gutes zu tun oder sich durch die Teilnahme selbst positiv darstellen zu können, welche als immaterielle Vorteile einer Befragung wahrgenommen werden. Die Aussicht auf pekuniären Nutzen durch die Teilnahme an einer Befragung ist dagegen eher problematisch: Während gelegentlich die Teilnahme an – vor allem aufwendigeren – Interviews materiell honoriert wird (Geld, Geschenke, Lotterielose),

---

[52] Eine auf einem rational choice-Modell basierende allgemeine Theorie des Teilnahmeverhaltens findet sich bei Schnell (1997).

[53] Einen guten Überblick über die „Befragung als 'Belastung'" gibt Schnell (1997: 166ff).

scheint dies bei Standardumfragen keine generelle Strategie zu sein, die – zumindest die großen – Umfrageinstitute in Deutschland verfolgen wollen (vgl. Porst 1996b: 24ff); es wird befürchtet, dass pekuniäre Honorierung der Teilnahme an Interviews irgendwann dazu führen könnte, dass Personen sich nur noch gegen Geld zur Teilnahme an Befragungen bereit erklären.

Die Bereitschaft, sich während des Interviews so zu verhalten, wie es der Forscher wünscht ("Rapport"), muss herstellbar sein und hergestellt werden, weil sonst die Übernahme der Befragtenrolle grundsätzlich nicht möglich wäre. Wie gut die Befragungsperson die Rolle nun ausfüllt, hängt sicherlich zu einem gewissen Teil von ihr selbst ab, zu einem großen Teil aber auch vom Institut (Klarheit des Erhebungsinstruments, Motivationsförderung, Interviewerschulung) und vom Interviewer (dessen Rollenverhalten). Sind zum Beispiel Fragen zu kompliziert formuliert, muss die Befragungsperson scheitern, selbst wenn sie gutwillig ist: sie produziert item nonresponse (also Nichtbeantwortung einer Frage) oder – vielleicht im ungünstigeren weil nicht kontrollierbaren Falle – "Rauschen" (also willkürliches und beliebiges Beantworten einer Frage). Über die Befragten zu einer Verbesserung der Qualität der Feldarbeit zu kommen ist wohl eher nicht möglich, da sie nicht direkter Beeinflussung durch die Forscher oder die Institute unterliegen. Positiven Einfluss auf die Befragten haben allenfalls das allgemeine Klima, die Qualität der Fragebogen, die Überzeugungskraft von Anschreiben oder die Überzeugungskraft der Interviewer. Hier ist also anzusetzen.

Alles in allem ist Feldarbeit eine relativ komplexe soziale Situation, in der Interviewer und Befragungspersonen zwar oft sehr gute Arbeit leisten, im Prinzip aber auch eine permanente Fehlerquelle darstellen. Wir haben diesen Tatbestand hier nur anreißen, aber beileibe nicht detailliert darstellen können.[54] Welche Auswirkungen dies alles auf die Qualität der Umfrageergebnisse haben kann, werden wir in Kapitel 5.4 näher betrachten.

Zunächst wenden wir uns aber wieder der Frage zu, wie sich das Thema beim ALLBUS stellt, und wie ganz allgemein Feldarbeit hier nur angerissen worden ist, wird auch der Aspekt Feldarbeit beim

---

[54] Es wäre ein leichtes, ausreichend Material zusammenzutragen, um ein eigenes Buch zum Thema „Feldarbeit" zu schreiben.

ALLBUS nicht vollständig dargestellt werden können. Angesichts ihrer Bedeutung vollkommen unterbelichtet muss dabei die Diade Interviewer-Befragungsperson bleiben, weil darüber praktisch keine Informationen vorliegen. Was an Daten zu den Feldern verfügbar ist, findet sich in den „Methodenberichten", die für jede ALLBUS-Umfrage erstellt und allgemein zugänglich gemacht werden; zuletzt für den ALLBUS 1998 (Koch u.a. 1999). Auf der Basis dieses Berichts wollen wir uns mit der Feldarbeit beim ALLBUS beschäftigen.

Mit einer Ausgangsbruttostichprobe von zunächst ca. 4.500 bis 5.500, seit der Einbeziehung der neuen Bundesländer in die Umfragen von ca. 6.000 bis 6.500 Haushalts- bzw. Personenadressen, ist der ALLBUS eine relativ groß angelegte Bevölkerungsumfrage. Gemeinsam mit strukturellen Entwicklungen in Deutschland (steigende Anzahl von Single-Haushalten, höhere Mobilität, damit schlechtere Erreichbarkeit, etc.) wirkt sich dies zunehmend auf die Dauer der Felder aus. Konnte der erste ALLBUS in weniger als zwei Monaten durchgeführt werden, betrug die Feldzeit des ALLBUS 1996 glatte vier Monate (und es waren drei Nachbearbeitungen erforderlich, um die gewünschte Anzahl von Interviews zu realisieren), die des ALLBUS 1998 sogar viereinhalb Monate; die Feldzeiten der anderen ALLBUS-Umfragen liegen regelmäßig zwischen zwei und drei Monaten. Nun wäre das zunächst einmal kein Problem, wenn man nicht davon ausgehen müsste, dass Veränderungen in der Außenwelt sich auf das Antwortverhalten der Befragten auswirken könnten[55], und dass solche Veränderungen wahrscheinlicher werden, je länger das Feld dauert. Jeder Tag, den ein ALLBUS im Feld ist, gefährdet möglicherweise „den erwünschten Charakter einer 'Momentaufnahme'" (Kirschner 1984: 117).[56]

---

[55] Dass sie dies tatsächlich tun, hat Hagstotz (1983) aufgezeigt: Nachdem mitten in der Feldzeit des ALLBUS 1982 der Falkland-Krieg zwischen Argentinien und Großbritannien eskalierte, veränderte sich die Einstellung zu Verteidigungsausgaben zumindest bestimmter Personengruppen deutlich. Man stelle sich nur den Einfluss auf die Parteienbewertung vor, wenn die BündnisGrünen ihre Forderung nach einem Benzinpreis von DM 5 pro Liter während des ALLBUS 1998-Feldes gestellt hätten.

[56] Dass dies aber nicht zwangsläufig so sein muss, hat Kirschner (1984) für den ALLBUS 1980 nachgewiesen.

Wenn die lange Felddauer unter anderem damit begründet wird, dass eine erhöhte Mobilität zu einer schlechteren Erreichbarkeit führt, müsste sich dies niederschlagen in der Anzahl der Kontakte, die durchschnittlich benötigt werden, um ein Interview zu realisieren; leider liegen dazu keine Daten für längere Zeitreihen vor. Den einzigen Hinweis darauf, dass es schwieriger geworden ist, Personen anzutreffen, gibt uns die Abteilung ALLBUS von ZUMA: Die durchschnittliche Anzahl der für die Realisierung eines Interviews erforderlichen Kontakte hat sich 1994 und noch einmal 1996 gegenüber 1986 erhöht.[57]

Verändert hat sich auch das Verhältnis der Anzahl der Interviewer zur Anzahl der ausgegebenen Adressen; berechnet sich dieser Anteil für die ersten ALLBUS-Umfragen noch mit Werten zwischen 8,6 und 9,7, so liegt er seit 1988 mit Ausnahme von 1994 über 10, 1996 beläuft er sich auf 12,7, 1998 gar auf 15,8. Das heißt: Waren anfangs im Schnitt etwa 8 bis 9 Adressen pro Interviewer vorgesehen, sind es jetzt mehr als 10, 1996 waren es fast 13, 1998 fast 16. Damit steigt der Anteil der zu bearbeitenden Adressen pro Interviewer an. Um eine Vorstellung davon zu geben, was das in konkreten Zahlen heißt – und wie viele Interviewer man braucht, um eine Studie wie den ALLBUS im Feld umzusetzen: 1996 wurden 6.488 Adressen an 512 Interviewer ausgegeben, 1998 5.928 Adressen an 376 Interviewer.[58] Nicht verändert hat sich das Verhältnis von Interviewern zu realisierten Interviews; theoretisch müsste jeder Interviewer bei einer ALLBUS-Umfrage etwa 6 bis 7 Interviews realisieren, wenn alle Interviewer gleichermaßen erfolgreich arbeiteten. Dass dies nicht der Fall ist, sieht man, wenn man die tatsächlich realisierten Interviews pro Interviewer anschaut, was wir am Beispiel des ALLBUS 1998 tun wollen. In den alten Bundesländern haben 33,6 Prozent der Interviewer 10 oder mehr Interviews realisiert, in den neuen Bundesländern 23,7 Prozent. Insgesamt haben 27 Interviewer zwischen 20 und 35 Interviews durchgeführt, 9 zwischen 36 und 55

---

[57] Aber selbst diese Veränderung müsse sehr vorsichtig interpretiert werden, weil 1994 und 1996 eben mit einer Personenstichprobe aus Einwohnermeldeämtern gearbeitet worden sei, 1986 mit einer ADM-Stichprobe.

[58] Die Zahl der eingesetzten Interviewer schwankt insgesamt zwischen 336 beim ALLBUS 1984 und 693 beim ALLBUS 1994.

Interviews. Auch wenn sowohl in den alten wie auch in den neuen Bundesländern die Mehrzahl der Interviewer zwischen ein und neun Interviews durchgeführt hat, gibt es doch einen nicht unerheblichen Anteil an Viel-Interviewern, was – wenn man Hymans (1954) These des „selektiven Hörens" und der daraus resultierenden Verzerrungen folgt – eigentlich nicht erwünscht sein dürfte. In der Realität wird man sich aber damit abfinden müssen, dass Institute gezwungen sind, bei großen Umfragen Interviewer mit einer teilweise recht hohen Anzahl von Interviews zu beauftragen, um das Feld durchziehen zu können.

Dramatisch wäre das, wenn unter diesen Viel-Interviewern die „schwarzen Schafe" gehäuft aufträten – womit wir bei der Frage der Interviewerkontrollen wären.

5.3.3 Interviewerkontrollen

Beim ALLBUS 1996[59] wurden unmittelbar nach dem Eintreffen der ausgefüllten Fragebogen alle Angaben zu Alter und Geschlecht anhand der Adressliste überprüft. Alle Fälle, bei denen das Alter im Fragebogen um mehr als zwei Jahre vom Alter in der Adressliste abgewichen oder wo Abweichungen beim Geschlecht aufgetreten sind, wurden einzelfallbezogen kontrolliert. Zur Kontrolle wurden die entsprechenden Befragungspersonen telefonisch kontaktiert, um zu klären, wie die Alters- bzw. Geschlechtsabweichungen zustande gekommen waren. Insgesamt wurden 224 Fälle kontrolliert, davon 208 wegen Altersdifferenzen, 12 wegen Geschlechtsabweichungen, und bei 4 Personen wich beides von der Adressliste ab. Weitere 18 Fälle wurden in die Kontrolle einbezogen, weil dort die Angaben im Fragebogen insgesamt zweifelhaft erschienen.

Bei 39 der insgesamt 242 kontrollierten Interviews konnten die Zweifel an einer unkorrekten Durchführung nicht ausgeräumt werden; die Daten dieser Interviews wurden ebenso eliminiert wie dieje-

---

[59] Zum ALLBUS 1998 liegen für Westdeutschland keine Informationen zu den durchgeführten Interviewerkontrollen vor, in Ostdeutschland wurden 25% aller Sample Points (280 Interviews) per Kontrollschreiben an die Haushalte überprüft. Von daher exemplifizieren wir die Interviewerkontrollen am Beispiel des ALLBUS 1996.

nigen aus neun Fällen mit ganz allgemein mangelhafter Qualität der
Angaben. Von den verbleibenden 194 Fällen bestätigten 106 die
Durchführung des Interviews, in 44 Fällen wurde irrtümlicherweise
eine falsche Person befragt (z.B. der Vater statt des Sohnes mit
gleichlautendem Vornamen), und in 44 Fällen konnte keine endgülti-
ge Klärung erfolgen. Damit konnten also definitiv 39 Interviews als
gefälscht identifiziert werden; bezogen auf alle 3.559 beim Institut
abgelieferten ausgefüllten Fragbogen beträgt der Anteil der nachge-
wiesenen Fälschungen also 1,09%. Beim ALLBUS 1994 hatte der
entsprechende Anteil 1,28% betragen. Selbst wenn der tatsächliche
Anteil an Fälschungen noch etwas höher sein dürfte, weil hier ja nur
die entlarvten Fälscher geoutet werden konnten – die These von
Dorroch (1994), kolportiert im SPIEGEL, dass jedes dritte Interview
gefälscht sei, muss ihr Urheber wohl gemeinsam mit den Gebrüdern
Grimm entwickelt haben. Im übrigen – dies mag jetzt etwas verwun-
derlich klingen – konnte Schnell (1991a) zeigen, dass selbst Fäl-
schungsquoten von 5% eines Datensatzes sich weder auf die Berechnung univariater Kennwerte noch auf multivariate Analysen
auswirken.[60]
Schließlich wurde beim ALLBUS 1996 auch eine postalische
Kontrolle aller von Interviewern als stichprobenneutrale Ausfälle[61]
deklarierten Fälle durchgeführt, bei der sich nur 39 von 700 überprüften Ausfällen als unplausibel oder falsch erwiesen.
Bei den ALLBUS-Umfragen auf der Basis der ADM-Stichprobe
besteht die Möglichkeit, die Daten im Fragebogen mit den Daten in
einem Register zu vergleichen, nicht, da es ein solches Register nicht
gibt. Nichtsdestotrotz kann man natürlich Interviewerkontrollen
durchführen, und es wäre interessant zu vergleichen, ob sich die
unterschiedlichen Stichprobenverfahren im Aufspüren von Fälschungen unterscheiden. Bedauerlicherweise enthalten nicht alle Methodenberichte zu den ALLBUS-Umfragen Informationen über die
Ergebnisse der Interviewerkontrollen, zum Teil gibt es nicht einmal
Hinweise darauf, dass Interviewerkontrollen überhaupt durchgeführt
worden sind. Auf der Basis der Angaben in den Methodenberichten

---

[60] Zu Fälschungen und Zweifeln an der korrekten Durchführung von Inter-
      views des ALLBUS 1994 siehe Koch (1995).
[61] Mit den Arten von Ausfällen beschäftigen wir uns näher in Kapitel
      5.4.2.

lässt sich für den ALLBUS 1980 eine nachgewiesene Fälschungs-
quote von 0,9%, für den ALLBUS 1982 von 0,5% berechnen.
    Die höhere Fälschungsquote bei den jüngeren ALLBUS-
Umfragen kann unterschiedlich interpretiert werden: als Frage der
Zeit (vielleicht wird heute einfach mehr gefälscht als früher, weil
Interviewen insgesamt schwieriger geworden ist), als Frage des Instituts (die beiden ersten ALLBUS-Umfragen wurden von der GfM-
Getas – damals noch in Bremen – durchgeführt, die beiden jüngeren
von Infratest Sozialforschung in München) oder – und das ist die
einzig überzeugende Argumentation – durch das Stichprobenverfah-
ren: Die Personenstichprobe aus Einwohnermelderegistern macht das
Auffinden von Fälschungen deshalb leichter, weil bereits vor der
Feldphase Informationen über die Zielpersonen vorliegen, anhand
derer man die im Interview gewonnenen Daten abgleichen kann.

5.3.4   *Befragungspersonen und Befragungssituation*

Hatten wir uns bisher vorrangig mit den Interviewern beschäftigt,
wollen wir uns nun den Befragungspersonen und der Befragungssituation zuwenden. Auch hier erhalten wir Informationen aus den Methodenberichten[62] zu den ALLBUS-Umfragen, welche naturgemäß –
die Befragungssituation ist nicht unter Kontrolle – vom Informati-
onsgehalt eher rudimentär und noch dazu mit hoher Wahrscheinlichkeit verzerrt sind.
    Dass wir überhaupt solche Informationen erhalten, verdanken wir
der Tatsache, dass ALLBUS-Interviewer „traditionell" gehalten sind,
am Ende der Befragung ein paar Fragen zur Interviewsituation zu
beantworten, die sich mit der Bereitwilligkeit der Befragten, der
Zuverlässigkeit ihrer Antworten und mit der Anwesenheit Dritter
beim Interview beschäftigen.
    Der Anteil der Interviews, die mit der Befragungsperson alleine,
also ohne Anwesenheit Dritter geführt worden sind, beträgt von 1980
bis 1996 so gleichmäßig konstant 67 plus/minus 3% (niedrigster
Wert 1986 mit 65%, höchster Wert 1990 mit 70,0%), dass man sich
angesichts der Zunahme der Single-Haushalte, angesichts der ver-

---

[62]   Die Methodenberichte zu den ALLBUS-Umfragen sind im Literaturver-
       zeichnis separat aufgeführt.

mehrten Berufstätigkeit von Frauen und angesichts der immer seltener werdenden Mehrgenerationen-Haushalte fast schon ein bisschen wundern muss. Vielleicht wirken sich diese gesellschaftlichen Veränderungen erst langsam aus, erreichte der Anteil an Interviews, bei denen nur Interviewer und Befragungsperson anwesend waren, 1998 doch mit 73,6% den bisherigen Höchststand. Ebenso konstant ist der Anteil der Interviews, bei denen anwesende Dritte in die Interviewdurchführung eingegriffen haben: von 1980 bis 1990 13 plus/minus 2%; für die folgenden ALLBUS-Umfragen wird dieser Wert nicht mehr ausgewiesen.

Unterstellen wir diesem Faktum immerhin noch, dass es ein solches ist, kommen spätestens bei der Frage nach der Zuverlässigkeit der Antworten der Befragungspersonen doch leichte Zweifel. Machen Sie sich Ihren eigenen Reim. Auf die Frage, wie zuverlässig die Antworten der Befragten einzustufen seien, antworteten die Interviewer mit „insgesamt zuverlässig" (es gab noch „insgesamt weniger zuverlässig" und „bei einigen Fragen weniger zuverlässig") 1980 für 96% der Interviews, 1982: 95%, 1984: 94%, 1986: 96% – man kann es dabei belassen, muss aber fragen, was diese Art von Information tatsächlich wert ist – übrigens: der Anteil für 1996 lag bei 95,2%, für 1998 bei 94,4%. Es liegt natürlich der Verdacht nahe, dass die Einstufung der Zuverlässigkeit der Befragten durch die Interviewer daher rührt, dass zuverlässige Informationen eine unabdingbare Voraussetzung für die Durchführung und Bewertung ihrer Arbeit ist – wer würde schon gerne Daten auswerten, bei denen nur 15 Prozent der Interviews als „zuverlässig" eingestuft worden sind.

Ähnliches gilt auch für die Einschätzung der Auskunftsbereitschaft der Befragungsperson. Nimmt man hier die nicht negativen Kategorien „gut" und „mittelmäßig" zusammen, erreicht man ebenfalls regelmäßig Anteilswerte von 90 bis über 95%, wobei sich weit über 70% in der Kategorie „gut" finden.

Auch hier unterstellen wir schlicht, dass eine gute Auskunftsbereitschaft ein normativ angesonnenes Desiderat der Interviewertätigkeit darstellt, wobei wir offen lassen wollen, ob dieses Desiderat von den Instituten oder von den Interviewern formuliert worden ist. Unabhängig davon: Zur Messung von Auskunftsbereitschaft und Zuverlässigkeit eignen sich die beim ALLBUS verwandten Instrumente offensichtlich nicht, und man sollte darüber nachdenken, auf welche

Weise man tatsächlich verwert- und belastbare Informationen zur Interviewsituation und zur Befragungsperson ermitteln kann.

5.4 Zur Qualität von Umfragedaten

Qualität und Qualitätssicherung sind die Zauberworte beim Übergang ins dritte Jahrtausend. Wie Industrie, Handel und Gewerbe streben mittlerweile auch Umfrageinstitute nach einer Zertifizierung ihrer Arbeit nach ISO 9000, einer Normenreihe mit grundlegenden Anforderungen an ein umfassendes System des Qualitätsmanagements; einige der großen deutschen Umfrageinstitute können sich bereits mit dem ISO 9000-Zertifikat schmücken (das im übrigen nichts aussagt über die methodische Qualität der Arbeit dieser Institute und auch kein Garant für die Einhaltung besonders strenger Qualitätsmaßstäbe ist).

Auch die akademische Forschung entwickelt zunehmend Qualitätskriterien, mit denen Standards für die Qualität wissenschaftlicher Arbeit festgeschrieben werden sollen; dabei nähert man sich der Qualität von Umfragen aus einer Vielfalt von Sichtweisen. Unter der Überschrift „Zur Qualität von Umfragen" wollen wir uns in einer etwas engeren Herangehensweise mit Konsequenzen der Durchführung von Umfragen beschäftigen, die aus Mängeln und Schwächen in der Feldarbeit resultieren.

5.4.1   Nonresponse

Die gravierendste und wohl am intensivsten diskutierte Konsequenz ist mit dem Begriff „Nonresponse" (vgl. Schnell 1997) zu beschreiben. Nonresponse bedeutet schlicht: Nicht alle Personen, die laut Stichprobenplan zu befragen wären, nehmen an der Umfrage tatsächlich teil; es kommt zu Ausfällen. Wären alle Ausfälle nun zufällig, wäre dies an sich und zunächst nicht sonderlich problematisch: Die Teilnehmer unterschieden sich von den Nichtteilnehmern nicht, sondern bildeten lediglich eine Zufallsstichprobe aus der Ausgangsstichprobe. Einziges Manko: Die Größe der Stichprobe reduziert sich, und die Schätzung der Populationsparameter wird ungenauer, bleibt aber unverzerrt. Da die Größenordnung zufälliger Stichproben-fehler kalkulierbar ist, sind Fehler dieser Art kontrollierbar (Hart-mann 1990). Wären alle Fehler zufällig, führte eine sinkende Aus-schöpfung „nur" zu größeren Standardfehlern.[63]

Realistischerweise hat man nun aber davon auszugehen, dass Ausfälle systematischer Natur sind, oder genauer: dass Ausfälle so-wohl zufälliger wie auch systematischer Art sind.

Systematische Ausfälle wiederum bergen die Gefahr in sich, dass es zu systematischen Verzerrungen im Antwortverhalten kommt, sind sie doch gerade dadurch definiert, dass bei ihnen „Variablen des Untersuchungsgegenstandes mit den Ursachen des Ausfalls zusam-menhängen" (Schnell u.a. 1995: 318). Systematische Ausfälle bergen die Gefahr einer systematischen Verzerrung – man spricht von einem „bias" – in sich (deren „berühmtester" der „Mittelschicht-Bias" ist; vgl. Hartmann 1990, Hartmann und Schimpl-Neimanns 1992), der um so größer sein kann, je höher der Anteil der Ausfälle ist. Sinken-de Ausschöpfungen erhöhen damit das Risikopotential für das Ent-stehen eines bias.

5.4.2   Ausschöpfung

„Ausschöpfung" ist sozusagen das Gegenstück zu Nonresponse; sie wird gemessen über die „Ausschöpfungsrate" oder „Ausschöpfungs-quote" als Anteil realisierter Interviews an der Nettostichprobe. Der Ausschöpfungsrate wurde in der methodischen Diskussion um Quali-tät von Umfragen bisher wohl nur deshalb so viel Bedeutung zuge-messen, weil sie „objektiv" oder „messbar" zu sein schien. So wie

---

[63]   Bei einer ausreichend großen Zahl unabhängiger Stichproben entspricht der Mittelwert ihrer Mittelwerte dem Mittelwert in der Grundgesamtheit. Das Ausmaß, in dem die einzelnen Mittelwerte um den Mittelwert der Grundgesamtheit streuen, wird bestimmt von der Varianz in der Grund-gesamtheit und der Stichprobengröße. Die Streuung der Schätzungen wird als Standardfehler bezeichnet; er ist umso kleiner, je kleiner die Varianz in der Grundgesamtheit und je größer der Umfang der Stichpro-ben ist.

der Ausfall für eine Befragung vorgesehener Personen aber nur eine unter vielen Fehlerquellen bei der Durchführung von Umfragen darstellt (vgl. Groves 1989), so ist auch die Ausschöpfungsrate *nur ein* Merkmal unter anderen für die Qualität einer Umfrage und ihrer Ergebnisse.

Mit der „Objektivität" oder „Messbarkeit" der Qualität von Umfragen über die Ausschöpfungsrate ist es nun aber nicht sehr weit her. Man erkennt dies sofort, wenn man versucht, eine Definition des Begriffs „Ausschöpfungen" zu finden. Wer sich mit Ausschöpfungen in Umfragen beschäftigt, läuft leicht Gefahr, bestätigt zu finden, was Allerbeck und Hoag (1985: 55) konstatieren: „es gibt keine Einheitlichkeit der Definitionen". Aus der Vielzahl der Bemühungen um eine Definition des Begriffes (z.B. Lessler und Kalsbeek 1992) lässt sich zumindest eine gewisse Übereinstimmung dahingehend ableiten, dass sich die Ausschöpfungsquote ergibt aus dem Verhältnis von realisierten Interviews zur beeinigten Stichprobe. Entsprechend fasst z.B. Koch (1993: 85) den Begriff kurz und prägnant: „Ganz allgemein definiert entspricht die Ausschöpfungsquote dem prozentualen Anteil der Befragten, mit denen ein Interview realisiert werden konnte, an der Gesamtzahl aller ausgewählten Befragten". Eine ähnliche Definition finden wir bei Bailar und Lanphier (1978: 51), welche die Ausschöpfungsquote beschreiben als „...the number of eligible sample units responding divided by the total number of eligible sample units". Krug und Nourney (1982: 230) schließlich definieren den Begriff wie folgt: „Unter Ausschöpfung der Stichprobe wird die Relation verstanden, die aus der durch den Stichprobenplan gebildeten Bruttostichprobe und der Nettostichprobe gebildet wird, die aus den in die Stichprobe gelangenden Haushalten besteht, in denen die geforderten Interviews realisiert werden können".

Mehr noch als die Definitionen variieren ihre Operationalisierungen; bestimmte, für die Berechnung von Ausschöpfungsraten relevante Sachverhalte (wie z.B. die Frage, was denn alles ein stichprobenneutraler Ausfall sei) werden von unterschiedlichen Akteuren (Forschern, Instituten) unterschiedlich behandelt – wenn sie überhaupt „öffentlich" zur Kenntnis gebracht werden.

Auf der anderen Seite haben sich doch Standards für die Berechnung der Ausschöpfungsraten entwickelt, und dies ist (bei aller institutionellen Bescheidenheit) auch der Verdienst ZUMAs und der mit ZUMA kooperierenden Umfrageinstitute. So wurde etwa im Zusammenhang mit dem ALLBUS „Ausschöpfungsquote" definiert als „das Verhältnis der Zahl der ausgewerteten Interviews zur Größe der bereinigten Stichprobe". Die bereinigte Stichprobe ergibt sich, wenn man die stichprobenneutralen Ausfälle vom Ausgangsbrutto subtrahiert und das Ergebnis gleich 100% setzt; die Zahl der ausgewerteten Interviews erhält man, wenn man von der bereinigten Stichprobe die nicht-stichprobenneutralen Ausfälle und die nicht ausgewerteten Interviews subtrahiert. Die Ausschöpfungsquote berechnet sich als der mit 100 multiplizierte Quotient von ausgewerteten Interviews und bereinigter Stichprobe (zur Definition und Klassifizierung von Ausfallgründen vgl. Porst 1985: 92).

Stichprobenneutrale Ausfälle resultieren aus Fehlern in den Adressenlisten (bei adress random) oder treten dann auf, wenn angelaufene Haushalte kein Element der Menge aller Zielhaushalte darstellen oder kein Element der Menge aller Zielpersonen enthalten (bei random route); typische stichprobenneutrale Ausfälle sind z.B. nichtexistierende Adressen, Ausländerhaushalte bei Befragung deutscher Staatsbürger, keine Frau im Haushalt bei der Befragung von Müttern etc.

Nicht-stichprobenneutrale oder *systematische* Ausfälle hingegen liegen dann vor, wenn die vorgegebene Adresse tatsächlich existiert, der Interviewer den Haushalt richtig auffindet und der Haushalt oder eines seiner Elemente grundsätzlich in die Menge der zu befragenden Einheiten fällt, es dem Interviewer aber nicht gelingt, dort ein Interview zu realisieren; typische systematische Ausfälle sind z.B. Verweigerung einer Haushaltsauflistung, Nichterreichbarkeit der Zielperson, Verweigerung der Teilnahme, Befragungsunfähigkeit der Zielperson, etc. (zur Definition und Klassifizierung von Ausfallgründen vgl. Porst 1985: 77, in der Praxis z.B. Porst und Schneid 1988 für persönlich-mündliche, Porst 1991 für telefonische Befragungen).

Insgesamt führen sinkende Ausschöpfungen zu einer Zunahme von zufälligen und systematischen Ausfällen, damit zu einem erhöhten Risiko für die Qualität von Umfragedaten. Je höher die Ausschöpfungen, um so geringer dieses Risiko. Bleibt die Frage nach der erforderlichen Höhe der Ausschöpfungsquote: Wie hoch muss die Ausschöpfungsquote sein, damit eine Befragung aussagefähige (wir vermeiden in diesem Zusammenhang bewusst den Begriff „repräsentative") Ergebnisse erzielen kann? Wie bei der Ausschöpfungs-problematik generell, bewegen wir uns auch bei der Frage nach der „notwendigen" Ausschöpfung auf dünnem Eis: Man findet zwar gelegentlich entsprechende Forderungen, ohne dass aber eigentlich begründet würde, warum gerade xx% und nicht eher yy%.

Dass eine begründet geforderte unterste Ausschöpfungsquote gar nicht so einfach zu finden ist, lesen wir z.B. bei Landgrebe (1992). Landgrebe stellt zunächst einmal fest, dass die im „ZAW-Rahmenschema für Werbeträger-Analysen" als Mindestausschöpfung geforderten 70% nichts anderes seien als ein „Kompromiss" zwischen den Werten der Media-Analysen, namentlich in den Jahren 1980 bis 1982, die ca. 80% Ausschöpfungen erzielten, und den üblichen 60% bei schriftlichen Befragungen in jener Zeit (Landgrebe 1992: 20). Er zitiert dann Schaefer (1991), der bei einem Besuch der ARF/Advertising Research Foundation. nachlesbar gefunden habe, dass in den USA bereits 60% Ausschöpfung für ausreichend gehalten werde. Und er zitiert schließlich Vorster und Frankel, die beim Readership Research Symposium in Salzburg 1985 die Lage recht drastisch beschrieben hätten:

> „Ein Mindest-Ausschöpfungsgrad (response rate) von 70% sollte erzielt werden...Um einen befriedigenden Umfang der Ausschöpfung zu erreichen, sind wenigstens fünf Wiederholungsbesuche (call backs) vorzusehen, ... Wer hat diese Standards gesetzt? Soviel wir wissen, beruhen sie nicht auf empirischen Daten, sondern sind nach Gutdünken entstanden. Die Advertising Research Foundation fordert 70%, das United States Office of Management and Budget 80% als Mindestausschöpfung. Sind diese Werte 70, 75, 80% magische Zahlen?" (Vorster und Frankel (1985), zit. nach Landgrebe 1992: 20).

Die Verwirrung ist komplett, auch wir können sie nicht auflösen. Tatsache ist aber wohl die relative Beliebigkeit, mit der „Mindestausschöpfungsquoten" festgelegt werden.

5.4.3 Zur Diskussion um Ausschöpfungsquoten

Vielleicht ist es ja bloß der Mangel an einer einheitlichen Terminologie oder eine fehlende Übereinkunft über Standards, die die Diskussion um Ausschöpfungsraten in der Profession zum einen seit langem am Leben erhalten hat und wohl noch lange am Leben erhalten wird, zum andern zu höchst unterschiedlichen Aussagen über gewünschte und über realisierbare Ausschöpfungsraten führt.

Der Chor der Stimmen, der das Lied von der zunehmenden Umfragemüdigkeit der Deutschen ebenso beharrlich wie unisono vorträgt, ist denn auch nicht unbeachtlich. Insbesondere die Vertreter privatwirtschaftlich verfasster Umfrageinstitute werden nicht müde, sinkende Ausschöpfungsraten in Umfragen zu beklagen.

Zumindest im unmittelbaren ZUMA-Kontext konnte diese Klage allerdings nicht durch Fakten untermauert werden. Fakt ist vielmehr, dass sich die von den Instituten berichteten Ausschöpfungsraten von ZUMA betreuter persönlich-mündlicher Befragungen in einer Höhe bewegen, die nicht auf mangelnde Teilnahmebereitschaft schließen lässt und dass die Entwicklung in den letzten 15 Jahren auch den Schluss nicht zulässt, dass die Ausschöpfungsraten in dieser Zeit dramatisch gesunken wären (vgl. Porst 1993).

Auf der anderen Seite beantworten namhafte deutsche Umfrageinstitute die Frage, ob Interviews heute schwieriger zu realisieren seien als früher, zumeist mit „ja"; Interviews seien heute tatsächlich schwieriger oder gar wesentlich schwieriger zu erzielen als früher (vgl. Porst 1996b: 17-19). Weniger einheitlich ist die Einschätzung darüber, wo die untere Grenze für noch akzeptable Ausschöpfungen liege; drei von sieben befragten Instituten legen sich hier gar nicht auf einen bestimmten Wert fest, zwei halten eine Ausschöpfungsrate von 50% für die unterste Grenze, zwei Institute halten – unter den gegebenen finanziellen und zeitlichen Bedingungen – 50 bis 65% bzw. 55 bis 65% für machbar (ebenda: 38-40).

5.4.4   Zur Ausschöpfung beim ALLBUS

Betrachtet man die Zahlen bei den ALLBUS-Umfragen, so scheint sich der Trend sinkender Ausschöpfungsraten (Anteil auswertbarer Interviews an der bereinigten Stichprobe) auf den ersten Blick allerdings doch zu bestätigen: Lagen die Ausschöpfungsraten der ersten drei ALLBUS-Umfragen noch knapp unter 70%, bewegen sich die vergleichbaren Werte aus den '90er Umfragen nur noch knapp über 50% (vgl. Abb. 1):

Abbildung 1: Ausschöpfungsraten beim ALLBUS

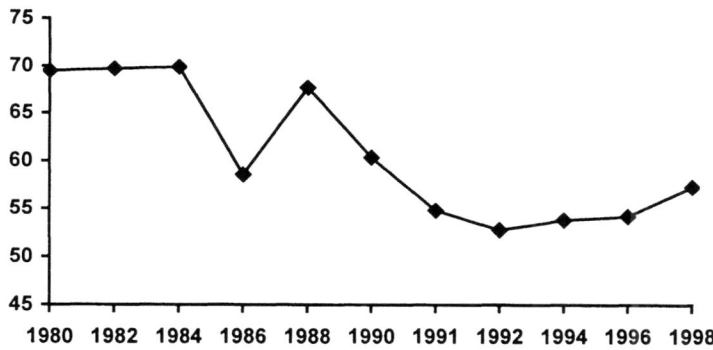

Wir stellen also trotz eines leichten Ansteigens im Jahre 1998 einen deutlichen Trend nach unten fest. Oder?

Berücksichtigt man die Umfrageinstitute, welche die jeweilige ALLBUS-Umfrage durchgeführt haben, kann man diesen Trend nicht mehr unbedingt bestätigen. Vielmehr stellen wir fest, dass die Institute eigene, miteinander nicht harmonisierende Trends aufweisen.

Aus Tabelle 1 auf S. 104 ist zu ersehen, dass man ganz offensichtlich das Institut, das die Umfrage durchführt, als intervenierende Variable zu berücksichtigen hat: Während die Ausschöpfung der Infratest-ALLBUSse von 1986 bis 1992 zunächst tatsächlich um knapp 6% gefallen ist, ist sie in den Jahren 1994 und 1996 wieder leicht angestiegen, liegt aber immer noch unter 55%. Dagegen bewegen sich die Ausschöpfungen der GfM-Getas-ALLBUSse zumindest bis zu ihrer bis 1998 letzten Fahrt im Jahre 1988 mit annähernd 70% konstant auf relativ hohem Niveau, 1998 ist allerdings ein deutliches Abfallen erkennbar.

Umfragejahr	Institut	Ausschöpfungsquote in % der bereinigten Bruttostichprobe
1980	GfM-Getas (damals Bremen, jetzt Hamburg)	69,5
1982	GfM-Getas	69,7
1984	GfM-Getas	69,9
1986	Infratest (München)	58,6
1988	GfM-Getas	67,7
1990	Infas (Bonn-Bad Godesberg)	60,4
1991 (Base line- Studie)	Infratest	54,8
1992	Infratest	52,8
1994	Infratest	53,8
1996	Infratest	54,2
1998	GfM Getas/Ipsos Deutschland	57,3

Damit liefern uns die ALLBUS-Ergebnisse zwar einen Hinweis auf den Einfluss des Umfrageinstituts, nicht aber darüber, wie der Trend bei den Ausschöpfungsraten tatsächlich ist. Auch der Versuch, die Ergebnisse der beiden Institute an der Ausschöpfung des einzigen Infas-ALLBUSses zu messen, führt uns nicht weiter, weil sie mit 60,4% genau 7,3% unter dem unmittelbar vorausgehenden GfM-Getas-Wert von 1980, aber auch 5% über dem unmittelbar folgenden Infratest-Wert von 1991, also genau in der Mitte zwischen GfM-Getas und Infratest liegt – spiegelt dieser Wert vielleicht die Realität wider?

Bliebe zu überlegen, ob die Ausschöpfungen der ALLBUS-Umfragen möglicherweise weniger durch die Zeit oder das jeweils durchführende Institut beeinflusst werden als durch unterschiedliche Verfahren der Stichprobenrealisierung.

Wir erinnern uns, dass die ersten beiden ALLBUS-Umfragen als adress random, die folgenden als random route-Umfragen durchgeführt worden sind. Wenn das Verfahren der Stichprobenrealisierung einen Einfluss auf die Ausschöpfung haben sollte, müsste sich dies mit dem geänderten Verfahren – beim gleichen Institut – 1984 bemerkbar machen. Dies ist aber – bei praktisch identischen Ausschöpfungsquoten für 1982 und 1984 – eindeutig nicht der Fall. Dagegen zeigt sich insofern ein Institutseffekt, als die Ausschöpfung 1986 bei vergleichbarem Stichprobenverfahren aber gewechseltem Umfrageinstitut – jetzt bei Infratest – deutlich absinkt und ebenso deutlich wieder ansteigt, wenn der ALLBUS 1988 wieder von der GfM-Getas durchgeführt wird. Umgekehrt fällt die Ausschöpfungsquote 1991 bei vergleichbarem Stichprobenvorgehen wieder ab, nachdem erneut das Institut gewechselt wurde. Alles deutet also auf einen *Institutseffekt* hin.

Gegen einen Effekt der Art der Stichprobenrealisierung sprechen die Ausschöpfungen der jüngeren ALLBUS-Umfragen, die von Infratest durchgeführt worden sind. Auf dem ADM-Verfahren basierend, erreicht Infratest 1992 eine Ausschöpfung von 52,8%; der Wechsel zu einer Stichprobenziehung aus den Einwohnermelderegistern führt weder 1994 (53,8%) noch 1996 (54,2%) zu einer dramatischen Veränderung.[64]

Man muss also – allerdings jetzt ausschließlich auf der Basis der Ausschöpfungen beim ALLBUS – festhalten, dass es keinen einheitlichen Trend hinsichtlich der Ausschöpfungsquoten gibt, sondern dass sich ganz eindeutig ein Institutseffekt abzeichnet – mit dem Nachteil, dass der Ausschöpfungsquotient, dem ohnehin zu viel Beachtung bei der Frage nach der Qualität von Umfragen zugemessen wird, nun auch noch als Qualitätsindikator für die Umfrageinstitute herhalten muss: "Möglicherweise bemüht sich Getas mehr als Infratest, oder aber bei Infratest wird weniger geschummelt als bei Getas" (Diekmann 1995: 360).

---

[64] Die Veränderung liegt vielmehr in dem wesentlich höheren Aufwand und den wesentlich höheren Kosten, die mit einer Stichprobenziehung aus den Einwohnermelderegistern verbunden sind – und in der Bewertung der Qualität der so gewonnenen Daten (vgl. Koch u.a. 1994, s. auch Kapitel 5.2).

Auch die Umfrageinstitute selbst helfen uns hier nicht weiter. Während dort in zunehmender Weise und öffentlich über Umfragemüdigkeit der Deutschen geklagt wird (z.B. vom ADM in der Ludwigshafener „Rheinpfalz" vom 2.9.1993) und generell sinkende Ausschöpfungsraten in den letzten Jahren behauptet werden (vgl. Anders 1985: 75ff), zeigt sich aus den Ergebnissen einer Umfrage unter sieben namhaften deutschen Umfrageinstituten zum Thema „Ausschöpfungen" ein etwas differenzierteres Bild:

> „Die Frage, ob Interviews heute schwieriger zu realisieren sind als früher, wird zumeist mit 'Ja' beantwortet; Interviews seien heute tatsächlich schwieriger zu realisieren als früher. Nur Infas Sozialforschung vertritt die Position, eine generelle Tendenz zu geringeren Ausschöpfungsraten sei nicht nachweisbar. Basis Research stellt fest, dass das Interviewen zwar in den letzten 20 Jahren schwieriger geworden sei, aber in den letzten 6-8 Jahren nicht mehr. Dem steht die Ansicht von USUMA entgegen, dass Interviews heute schwieriger zu realisieren seien, als dies vor 5 Jahren der Fall war." (Porst 1996b: 41).

Wir sehen also, dass die Meinungen über Ausschöpfungen sehr unterschiedlicher Natur sind; das Thema wird uns alle noch längere Zeit beschäftigen. Nicht zuletzt bleibt die Frage zu beantworten, wie sich sinkende oder geringe Ausschöpfungsraten auf die Repräsentativität der Umfrageergebnisse auswirken.

5.4.5   Zur Repräsentativität von Umfragedaten

Eine der wichtigsten, vielleicht sogar die wichtigste Anforderung an die Qualität von Umfragedaten ist diejenige nach der *Repräsentativität*. Zugleich ist Repräsentativität auch einer der ganz wenigen „Fachtermini", die Eingang in die öffentliche oder zumindest in die veröffentlichte Diskussion gefunden haben; Repräsentativität wird hier zumeist gleichgesetzt mit Qualität und Wahrheitsgehalt von Umfragedaten. Von daher betonen Politiker wie Medien immer wieder und ganz besonders die Repräsentativität der von ihnen in Auftrag gegebenen Studie; wir alle kennen Aussagen wie „In einer Repräsentativbefragung des xyz-Instituts im Auftrag von zyx haben 56% der Deutschen die Einführung einer Besteuerung von Frischluft abgelehnt" oder „Ein repräsentativer Querschnitt der Deutschen sprach sich in einer Umfrage des abc-Instituts mit großer Mehrheit dafür aus, die Einführung des EURO auf den St. Nimmerleinstag zu verschieben". Mit dem Hinweis auf die Repräsentativität der Ergebnisse wird ihre Bedeutung hervorgehoben.

Diesem Bemühen tut nun die Tatsache keineswegs einen Abbruch, dass es repräsentative Stichproben (und damit „Repräsentativbefragungen") eigentlich gar nicht gibt; Diekmann (1995: 368) hält denn auch die „Redeweise von der 'repräsentativen Stichprobe'" für „nicht mehr als eine Metapher, eine bildhafte Vergleichung". Man könne, so Diekmann weiter, „mit einiger Berechtigung auch von einem Mythos der repräsentativen Stichprobe sprechen" (ebenda: 369).

Qualitätsnachweis und Gütekriterium oder Metapher und Mythos? Was hat es mit der Repräsentativität von Umfragen wirklich auf sich?

Umfrageergebnisse wären dann repräsentativ, wenn die Umfrage, der sie entstammen, repräsentativ wäre. Eine Umfrage wäre repräsentativ, wenn die Stichprobe, die aus der Population gezogen wird, repräsentativ wäre für diese Population und wenn alle ausgewählten Zielpersonen an der Befragung teilnehmen würden oder zumindest: wenn sich die Nichtteilnehmer von den Teilnehmern nicht unterschieden. Dass letzteres in sozialwissenschaftlichen Umfragen niemals der Fall sein wird, haben wir gerade erfahren. Dass die Bemühung um eine Repräsentativbefragung empirisch zum Scheitern verurteilt ist, muss uns nun nicht sonderlich grämen, weil diese Bemühung im Grunde schon vom Ansatz her keinen Erfolg verspricht. Warum ist das so?

Eine repräsentative Stichprobe hätte zu sein „ein verkleinertes Abbild der Grundgesamtheit hinsichtlich der Heterogenität der Elemente und hinsichtlich der Repräsentativität der für die Hypothesenprüfung relevanten Variablen" (Friedrichs 1990: 125). Um dieser Forderung empirisch gerecht werden zu können, müsste zum einen die Grundgesamtheit vollständig bekannt sein, zum andern die Verteilungen aller „relevanten Variablen" in der Population.

Wir können nun einerseits feststellen, dass bei größeren, in größeren regionalen Einheiten lebenden Populationen niemals vollkommen bekannt ist, wer zu einem bestimmten Zeitpunkt der Population angehört, die Population somit niemals genau beschrieben und definiert werden kann; bei eingeschränkteren Befragungen ist dies allerdings möglich (die Population der weiblichen Mitarbeiter im Fachbereich Erziehungs-, Sozial und Geisteswissenschaften der Fernuniversität Hagen zum 31. Mai 2000 ist exakt beschreibbar). Zum andern – und spätestens hier ist Schluss mit der „repräsentativen" Umfrage – müssten wir für alle uns interessierenden Variablen die Verteilung in dieser Population kennen, was wir natürlich nicht tun (selbst die Verteilung der deutschen Bevölkerung nach Alter und Geschlecht ist zu keinem Zeitpunkt exakt bekannt, geschweige denn die anderer interessierender Variablen).

Wenn wir also überhaupt von „Repräsentativität" und „repräsentativen Stichproben" sprechen wollen und können, müssen wir dafür Sorge tragen, dass jedes Element der – behelfsmäßig definierten – Grundgesamtheit (z.B. „alle Personen mit deutscher Staatsbürgerschaft, die in Deutschland in Privathaushalten leben und spätestens am 1. Juni 2000 das 18. Lebensjahr vollendet haben") die gleiche Chance hat, in unsere Stichprobe zu gelangen. Damit reduziert sich der hohe Anspruch nach „Repräsentativität" auf die Frage einer exakten Stichprobenziehung – und es sind alleine Zufallsstichproben, die es uns ermöglichen, aus ihren Ergebnissen in bezug auf die Verteilung aller Merkmale innerhalb bestimmter statistischer Fehlergrenzen auf die entsprechenden Verteilungen innerhalb der Population zu schließen. In diesem Verständnis sind „repräsentative Stichproben" und „Zufallsstichproben" synonyme Begriffe (vgl. Schnell u.a. 1995: 314). Der Begriff „repräsentative Stichprobe" ist demzufolge „ungenau und unnötig: Entweder stellt eine Auswahl eine Zufallsstichprobe dar oder nicht" (ebenda). Der Nachweis von Repräsentativität besteht denn auch in nichts anderem als der Überprüfung, ob gemessene Merkmale in der Stichprobe diejenigen in der Population exakt wiedergeben oder nicht, was – siehe oben – voraussetzt, dass diese Populationsparameter bekannt und die vorliegenden Populationsdaten fehlerfrei sind. Mehr als die Frage nach groben Verstößen gegen die Auswahlkriterien bei der Stichprobenziehung kann mit solchen Repräsentanznachweisen nicht beantwortet werden.

Also: der Begriff der „repräsentativen Stichprobe", der im übrigen – wir hatten ihn eingangs als „Fachterminus" bezeichnet – gar kein Fachbegriff ist (Diekmann 1995: 368), hat nur dann eine gewisse Berechtigung, wenn damit Zufallsstichproben gemeint sein sollen.

Ansonsten ist er wertlos. Wir sollten uns angewöhnen, ihn zu vermeiden und an seiner statt von Zufallsstichproben zu sprechen. „Repräsentativität" ist kein Merkmal einer Befragung an sich, sondern etwas, das über das Verfahren einer sauber gezogenen Zufallsstichprobe angezielt werden soll. Dass dies empirisch durch Ausfälle unterschiedlichster Art erschwert wird, ist bekannt. Wir erheben in der Regel verzerrte Informationen, zu deren richtiger Interpretation eine Vielzahl weiterer Informationen bekannt (und demzufolge auch publiziert) sein müssen: die Grundgesamtheit, die Art der Stichprobenziehung, die Zahl der realisierten Interviews, Informationen über die Nichtteilnehmer, die verwendeten Instrumente, etc.

Und wenn wir trotz sauber gezogener Zufallsstichprobe und trotz Berücksichtigung einer Vielzahl weiterer Informationen feststellen müssen, dass sich unsere erhobenen Ergebnisse für die Stichprobe doch von den irgendwie bekannten Populationsparametern unterscheiden, bleibt uns letztendlich immer noch das Mittel der Gewichtungen, womit wir bei einem weiteren Irrtum der empirischen Sozialforschung angekommen wären – zumindest wenn man in ihnen Allheilmittel zur Reparatur schlechter Daten sieht.

5.4.6 Gewichtungen

Gewichtungen sind mathematische Schätzfunktionen, die dabei helfen sollen, Schlüsse von der Stichprobe auf die Grundgesamtheit zu ziehen. Sie bieten sich an, wenn die Stichprobe hinsichtlich bestimmter Merkmale von den „tatsächlich" vorliegenden (z.B. aus Massendaten der amtlichen Statistik bekannten) Verteilungen abweicht, dienen also dem Ausgleich von Verzerrungen in der Stichprobe und der Anpassung der durch die Verzerrung bedingten Abweichungen von tatsächlichen Verteilungen. Die „Gretchenfrage", die sich jetzt aufdrängt, stellen sowohl Rothe und Wiedenbeck (1987) als auch Gabler (1996): „Ist Repräsentativität machbar?" – oder genauer: Kann „durch Multiplikation der Ausprägungen der Merkmale in der Stichprobe mit einem Faktor die Repräsentativität erzwungen werden?" (Gabler 1996: 736). Die Antwort lautet – ebenso salomonisch wie eindeutig: Jein!

Grundsätzlich ist beim Umgang mit Gewichten zur Anpassung an bekannte Randverteilungen äußerste Vorsicht geboten: „Das Basteln von Gewichtsfaktoren sollte der Forscher individuell vornehmen. Globalgewichte sind gefährlich" (Gabler 1996: 736). Gewichte liefern zwar einerseits oft recht gute Verteilungen für die Anpassungsmerkmale, sind aber für andere Merkmale nicht geeignet; vor ihrer Verwendung sollte man sie sorgfältig prüfen und vermittels einer eingehenden Begründung legitimieren.

Eine Form der Gewichtung, die – zumindest auf den ersten Blick – unproblematisch erscheint, ist die sogenannte *Design-* oder *Transformationsgewichtung*, die unter theoretischen Gesichtspunkten unablässig ist. Was haben wir darunter zu verstehen?

Bei einer mehrstufigen Stichprobe wie etwa dem ADM-master sample (vgl. Kapitel 5.2) werden auf der letzten Stufe im Haushalt die Zielpersonen nach einem Zufallsverfahren (z.B. last birthday-Methode) gezogen. Es ist offensichtlich, dass Personen innerhalb von Haushalten nicht alle die gleiche Chance haben, für die Befragung ausgewählt zu werden; die Chance dazu ist vielmehr invers zur Haushaltsgröße: Je größer der Haushalt ist, umso kleiner ist die Auswahlchance für jedes seiner Mitglieder. Bei Aussagen über personenbezogene Merkmale muss man nun mit der Inversen der Inklusionswahrscheinlichkeit   gewichten,   damit   man   zu   einer erwartungstreuen oder auch „repräsentativen" Schätzung des interessierenden Merkmals in der Grundgesamtheit kommt. Da die Inklusionswahrscheinlichkeit proportional zur Haushaltsgröße ist, könnte die Verzerrung dadurch korrigiert werden – könnte deshalb, weil aufgrund von Ausfällen die Forderung nach gleichen Auswahlwahrscheinlichkeiten bei der Auswahl der Zielhaushalte nicht erfüllt ist.

Unabhängig von der Art der Gewichtung gilt: „Repräsentativität ist künstlich nicht machbar, sondern näherungsweise nur durch ein zufälliges Auswahlverfahren und eine möglichst saubere Erhebung zu erreichen" (Gabler 1996: 737).

Dass das Wissen um den begrenzten Wert einer Gewichtung und um ihre Problematik sich in der empirischen Sozialforschung in Deutschland (im Gegensatz zu den Vereinigten Staaten, wo Fragen der Gewichtung schon seit langem keine wesentliche Rolle mehr spielen), nur langsam verbreitet hat, lässt sich auch an der Geschichte des ALLBUS nachzeichnen.

Dem Datensatz des ALLBUS 1980 waren zwei Gewichtsvariablen hinzugefügt worden. Die eine enthielt eine Anpassung der Haushaltsstichprobe an Zensus-Daten in bezug auf politische Gemeindegrößeklassen und Ländergruppen, die Umwandlung der Haushaltsstichprobe in eine Personenstichprobe und auf Personenebene eine Anpassung der Stichprobe an Zensus-Daten für Geschlecht, Altersklassen und Bundesländer. Die zweite Gewichtsvariable war nicht an externe Daten angepasst, sondern wurde ausschließlich aus Informationen entwickelt, die der Stichprobe selbst entnommen worden sind (siehe Brückner u.a. 1982: 28-30). Selbst von ALLBUS-Seite wurde aber auf die unterschiedliche Güte und den unterschiedlichen Nutzen der Gewichte für unterschiedliche Variablen hingewiesen (Kirschner 1984, vor allem 155-179).

Nichtsdestotrotz enthielt der Datensatz zum ALLBUS 1994 sogar drei Gewichtungsvariablen, eine wiederum als Anpassung an Zensus-Daten, die beiden anderen unter Verwendung sowohl stichprobeninterner Informationen wie auch unter Verwendung einer Sonderauszählung des Mikrozensus 1980 als Anpassungen auf Haushalts- bzw. Personenebene (siehe Hagstotz u.a. 1983: 24ff).

Nachdem auch beim ALLBUS 1984 (vgl. Porst u.a. 1985: 36ff) und beim ALLBUS 1986 (vgl. Erbslöh und Wiedenbeck 1987: 41ff) ähnliche Gewichtungsverfahren zum Einsatz gekommen sind, und nachdem beim ALLBUS 1988 erstmals nur noch eine Gewichtungsvariable angeboten worden ist (Braun u.a. 1989: 49ff), enthielt der ALLBUS 1990 keine Gewichtungsvariablen mehr: „Im Gegensatz zu früheren ALLBUS-Datensätzen wird ZUMA keine Gewichtungsvorschläge mehr machen." (Wasmer u.a. 1991: 45). Begründung (ebenda): „Design-orientierte wie auch Anpassungsgewichte führen nicht zu kontrollierbar besseren Schätzungen von Populationskennziffern, solange die wesentlichen Einflussgrößen auf die Inklusionswahrscheinlichkeiten bei der Realisierung der Nettostichprobe nicht hinreichend bekannt sind." (zur Problematik von Gewichtungen aus dem ALLBUS-Kontext siehe auch Rothe und Wiedenbeck 1987, Rothe 1990).

Allerdings konnte der feste Vorsatz, mit dem ALLBUS-Datensatz nie mehr Gewichtungsvariablen anzubieten, gar nicht erst zum Wirken kommen – der ALLBUS hatte nicht mit der deutschen Wiedervereinigung gerechnet. War eine Ost-West-Gewichtung beim ALL-

112 Fragenprogramm, Datenerhebung und methodische Probleme

BUS 1992 noch ein Gedankenspiel (vgl. Braun u.a. 1993: 32), bei dem die Disproportionalität von Ost- und West-Befragten-Stichprobe auszugleichen war, um Analysen für ganz Deutschland durchzuführen, waren in den Datensätzen von 1994 (vgl. Koch u.a. 1994: 77ff), 1996 (vgl. Wasmer u.a. 1996: 61ff) und 1998 (vgl. Koch u.a. 1999: 39ff) „Ost-West-Gewichtungen" bei Auswertungen für Gesamtdeutschland enthalten: „Unter keinen Umständen ist es zulässig, Anteilswerte über alle Befragten ... als Schätzung für die Anteilswerte in Gesamtdeutschland zu interpretieren" (Koch u.a. 1994: 77).

5.5 Methodische Grundsatzfragen

Dass die Diskussion um methodische Grundsatzfragen gelegentlich von Faktoren ausgelöst wird, die mit Methoden der empirischen Sozialforschung nur am Rande zu tun haben, zeigen die Überlegungen zur Zukunft des ALLBUS. Hier waren es zunächst schlicht die explodierenden Kosten, die zum Nachdenken über Alternativen sowohl zur Stichprobenziehung als auch zur Befragungstechnik für den ALLBUS zwangen:

1. Gibt es Alternativen zur Stichprobenziehung über Einwohnermeldeamtsdateien oder zumindest zum ADM-Verfahren? Als Schlagworte mögen zunächst dienen: Quotenstichproben und Access Panel.
2. Gibt es Alternativen zur Datenerhebungstechnik? Hier geht es vor allem um die telefonische Befragung, in langer Perspektive aber auch um Online-Befragungen.

Dabei ist immer auch zu fragen, wie sich eine Veränderung des Stichprobenverfahrens oder der Datenerhebungstechnik auf die Zeitreihenfähigkeit des ALLBUS auswirken würde.

Es liegt auf der Hand, dass diese Fragen nicht unabhängig voneinander zu beantworten sind, auch wenn wir es hier der Einfachheit der Darstellung halber versuchen wollen.

5.5.1   Alternative Stichprobenziehung: Quotenstichproben und Access Panel

Wie wir aus Kapitel 5.2 bereits wissen, haben Stichproben auf der Basis von Adressen aus Einwohnermelderegistern eine Reihe methodischer Vorteile gegenüber anderen Verfahren (die Interviewer haben keinen Einfluss auf die Auswahl der Zielpersonen; die Ausschöpfungsquote ist präzise zu ermitteln; es liegen Informationen über die Ausfälle vor), die dazu führen, diese Art der Stichprobenziehung als Desiderat für allgemeine Bevölkerungsumfragen zu postulieren. Wie wir aber ebenfalls schon wissen, scheitert dieses Verfahren in der Praxis an dem außerordentlich hohen Aufwand, der mit der Kommunikation zu einer Vielzahl von Einwohnermeldeämtern verbunden ist, vor allem aber an den (auch dadurch bedingten) exorbitant hohen Kosten.

Stichproben auf ADM-Basis sind da schon (relativ) billiger, werfen aber eine Vielzahl methodischer Fragen auf, etwa diejenige nach der Qualität der Daten bei Ausfallraten, die sich gegen 50% der Nettostichprobe hin bewegen.

Wenn das eine Verfahren zu aufwendig und zu teuer ist, das andere bei immer noch relativ hohen Kosten zu unbefriedigenden Ausschöpfungen führt, drängt sich natürlich die Frage auf, ob es zu diesen Stichprobenvarianten keine brauchbaren Alternativen gibt. Es wundert nicht, dass in dieser Situation der nie zu verhallen wollende Ruf nach der *Quotenstichprobe* erschallt.

5.5.1.1   Quotenstichproben

Erinnern wir uns kurz: Bei einer Quotenstichprobe wählen Interviewer Befragungspersonen nicht nach einem Zufallsverfahren (weil sie z.B. gerade in einem bestimmten Haushalt wohnen und zuletzt Geburtstag hatten) aus, sondern danach, dass sie bestimmten Ausprägungen einer Variablen oder einer bestimmten Kombination von Ausprägungen mehrerer Variablen entsprechen; alle anderen als diese Merkmale spielen bei der Auswahl keine Rolle, der Interviewer entscheidet letztlich selbst, wen er – unter Berücksichtigung der vorgegebenen Quotenmerkmale – befragt.

Die Auseinandersetzung zwischen Anhängern und Gegnern der Quotenstichprobe hat nach vielen Jahrzehnten bis auf den heutigen Tag kein Ende gefunden, wurde und wird „teilweise überraschend hitzig" (Noelle-Neumann und Petersen 1996: 263) geführt, weil es, wie es sehr dezidiert pro Quote ausgerichtete Wissenschaftler beklagen, „nicht nur um reine Sachfragen ging, sondern persönliche geistige Dispositionen – mehr rationalistischer oder mehr psychologischer, mehr theoretischer oder mehr empirischer Art – mit ins Spiel kamen" (ebenda).

Die Gegner der Quotenstichprobe würden dies natürlich so nicht stehen lassen und mit – zumindest ihrer Ansicht nach – wissenschaftlich überprüften und belastbaren Argumenten kontern; versuchen wir, einen knappen Überblick über die Argumentationsketten pro und contra Quotenstichprobe zu geben.

Das *Quotenverfahren*, das vor allem in der Marktforschung zum Einsatz kommt, hat sich in der Forschungspraxis dort durchaus bewährt; während es etwa in Frankreich oder Großbritannien auch in der Sozialforschung häufig eingesetzt wird, stößt es in den Vereinigten Staaten und weitgehend auch in Deutschland auf Ablehnung. Das einzige namhafte deutsche Meinungsforschungsinstitut, das seine Umfragen fast ausschließlich auf der Basis von Quotenstichproben durchführt, ist das Institut für Demoskopie (IfD) in Allensbach; dort findet man auch die eifrigsten Verfechter des Verfahrens Quotenstichprobe, die sich vor allem auf ihre präzisen Wahlvorhersagen und die Ergebnisse von systematischen Methodenexperimenten zum Vergleich von Random- und Quotenstichproben stützen, bei denen beide Verfahren zu weitgehend identischen Randverteilungen geführt hätten (vgl. Noelle-Neumann und Petersen 1996: 265). Ihre Folgerung, in Deutschland gelten Quoten- und Randomstichproben „allgemein als gleichwertig" (ebenda: 266), kann zumindest für den Bereich der empirischen sozialwissenschaftlichen Umfrageforschung allerdings nicht nachvollzogen werden. Hier dominieren vielmehr eindeutig die Random-Stichproben, Quotenstichproben werden als wissenschaftlich nicht zu begründen abgelehnt, Zufallsstichproben gelten als einzige wissenschaftlich fundierte Art der Stichprobenziehung.[65]

Was spricht nun aber – abgesehen von den genannten Punkten Praxisbewährung und Ergebnisse methodischer Vergleichsforschung des IfD Allensbach – für die Quotenstichprobe?

Die Rechtfertigung der Quotenstichprobe basiert vorrangig auf forschungspraktischen Argumenten, weil sie in der Regel billiger und im Feld schneller zu realisieren ist als die Zufallsauswahl. Allerdings werden auch wissenschaftliche Überlegungen ins Feld geführt:

☐ Die Quotenmerkmale seien mit anderen, auch inhaltlichen Variablen (wie z.B. mit Einstellungen) korreliert; bei richtiger Steuerung der Quote könne es gelingen, „auch bei der Quotenauswahl einen so allgemein repräsentativen Charakter zu sichern, dass alle Einzelergebnisse, die an der Stichprobe ausgezählt werden, gleichfalls die Verhältnisse der Grundgesamtheit widerspiegeln... Ohne dass die Quotenanweisungen an die Interviewer etwas über den Familienstand, die Konfession oder die Größe des Haushalts, in dem die Befragten leben, aussagen, ergeben sich Proportionen, die die amtliche Statistik in diesen Merkmalen für die Bevölkerung ausweist, auch in der Quotenstichprobe" (Noelle-Neumann und Petersen 1996: 261).

☐ Die Quotenstichprobe, die das gleiche Ziel habe wie eine Random-Stichprobe, nämlich „einen modellgerechten Miniaturquerschnitt für die Befragung zu erhalten", erreiche dieses Ziel nicht nur für die Quotenmerkmale selbst; nein: „Die Repräsentanz auch in den übrigen, nicht durch Quote gesteuerten Merkmalen wird erreicht, indem die Interviewer bei ihrem Bemühen, die aufgegebenen Quoten zu erfüllen, praktisch zu einer Zufallsauswahl von Befragten veranlasst werden" (Noelle-Neumann und Petersen 1996: 256).

---

[65] Diese Bewertung deckt sich im übrigen mit den Codes of Ethics der American Association für Public Opinion Research (AAPOR), die unter der Überschrift „Best Pracices for Survey and Public Opinion Research" in Punkt 3 formuliert: „Virtually all surveys taken seriously by social scientists, policy makers, and the informed media use some form of random or probability sampling, the methods of which are well grounded in statistical theory and the theory of probability"

tiger sind als ‚kostengünstige' Lösungen, gibt es im allgemeinen keine Alternative zu Zufallsstichproben" (Schnell u.a. 1995: 286). Eine Quotenstichprobe für den ALLBUS ist also zurückzuweisen – mit dem access panel steht eine weitere Alternative ins Haus.

5.5.1.2   Access Panels

Access Panels (auch als „convenience panels" bezeichnet) kommen zustande, indem Befragte im Rahmen „normaler" Befragungen interviewt und danach um ihre Zustimmung zur Speicherung von Name und Adresse gebeten werden, falls sie sich bereit erklären, auch an künftigen Umfragen teilzunehmen. Auf diese Weise wird ein Pool von Personen gebildet, von denen man nicht nur die demographischen Merkmale kennt, sondern – aus der vorangegangenen Befragung – auch andere Informationen wie z.B. Einstellungen oder Wertorientierungen. Aus diesem Pool können dann je nach Forschungsinteresse bequem („convenient") unterschiedliche Substichproben gezogen werden. Wenn bei der Ziehung der großen Pool-Stichprobe und der Unterstichproben keine systematischen Fehler unterlaufen, erfüllen solche Panels alle Standards einer Zufallsstichprobe. Methodische Voraussetzung für diese Art von Panel ist aber, dass die Hauptstichprobe (das „master sample"), aus der die jeweils benötigten Stichproben gezogen werden, einer Zufallsstichprobe aus der Grundgesamtheit entspricht.

Die Idee des access panels besticht zunächst einmal durch die relativ einfache, schnelle und entsprechend kostengünstige Verfügbarkeit von Befragungspersonen. Als mögliche Nachteile des Verfahrens, die sich auf die Qualität der Daten auswirken könnten, lassen sich u.a. anführen, dass

- [ ] auf diese Weise ein Panel von „Bereitwilligen" aufgebaut wird, die sich in ihrem Antwortverhalten systematisch von den Befragten bei einer normalen Zufallsstichprobe unterscheiden (Selbstrekrutierung, „Berufsbefragte") und
- [ ] Personen durch wiederholtes Befragtwerden selbst ihr Antwortverhalten verändern und kontrollieren.

Hinzu kommen die „üblichen" Panelprobleme wie Panelmortalität, Panelsteuerung oder Auffüllung des Panels.

Die Probleme bei der Auswahl der Zielhaushalte und Zielpersonen stellen sich beim access panel zunächst einmal genauso dar wie bei sonstigen Befragungen auch: Ermittelt man, wie üblich, die Teilnehmer am access panel im Nachgang zu einer „normalen" Befragung (oder durch Formen der nicht-zufälligen Anwerbung), treten die gleichen Schwierigkeiten und Fehlerquellen auf wie dort. Sind die Teilnehmer allerdings erst einmal rekrutiert, wird die Ermittlung der Zielpersonen für jede spezifische Studie vollkommen aus der Hand des Interviewers in die Hände des Namen und Adressen speichernden Instituts gegeben. Für den Interviewer ergibt sich dann die gleiche Situation wie bei Personenstichproben, allerdings mit dem großen Vorteil, dass er im Feld auf vorbereitete, motivierte und wohl auch gutwillige Befragte treffen wird; Überzeugungsarbeit hat der Interviewer nicht mehr zu leisten.

Die Probleme in der Durchführungsphase des Interviews unterscheiden sich nicht von den Problemen, die im „normalen" Interview auftreten; allerdings könnte sich die Befragungserfahrung von Personen positiv auf die Erfüllung ihrer Rolle und auf die Antizipation der Erwartungen des Interviewers auswirken – wenn man schon weiß, welche Aufgaben der Interviewer hat und was von einem selbst erwartet wird, kann das Interview reibungsloser ablaufen als ohne diese Vorkenntnisse.

Alles in allem kann durch die Anwendung von access panels die Qualität der Feldarbeit in einigen Punkten (Auswahl der Befragungseinheiten, Kontaktphase) verbessert werden, in anderen Punkten unterscheiden sie sich von „normalen" Befragungen nur wenig oder könnten sich sogar eher negativ auswirken („Berufsbefragte").

Für das access panel sprechen vor allem die niedrigeren Kosten gegenüber wiederholten Stichprobenziehungen für Einmalbefragungen und die aufgrund der veränderten Befragtenauswahl verkürzten Feldzeiten. Achtet man schließlich darauf, dass die Thematiken aufeinanderfolgender Umfragen über jede einzelne Befragungsperson hinreichend variieren, kann man sicherstellen, dass das Antwortverhalten bei einer Umfrage nicht durch die Antworten beeinflusst werden, die in der vorangegangenen Befragung gegeben worden sind. Gelingt es schließlich, durch Einsatz elektronischer Netze das access panel ohne Intervention eines Interviewers ablaufen zu lassen, können Fehler bei der Befragung weitergehend reduziert werden. Erst eine häufigere Nutzung von access panels und eine diese systematisch begleitende Grundlagenforschung werden ein fundiertes Urteil über die Zukunftschancen dieser Befragungsmethode zulassen.

Für den ALLBUS heißt dies, dass das access panel als Alternative zur bisherigen Stichprobenziehung zumindest von der Idee her nicht uninteressant ist, dass vor seinem Einsatz aber noch ein Fülle methodischer Grundlagenforschung zu leisten sein wird.

Ein access panel für den ALLBUS ist also (zumindest derzeit noch) zurückzuweisen, solange es nicht methodisch besser erforscht ist. Beim derzeitigen Stand muss man davon ausgehen, dass das access panel auf die gleichen ablehnenden Argumente treffen wird wie die Quotenstichprobe – insbesondere der unter Umständen nicht zulässige Schluss von den Stichprobenverteilungen auf die Populationsmerkmale könnte dem access panel noch lange im Wege stehen.

Fragen wir jetzt nicht länger nach Alternativen im Bereich der Stichprobenziehung, sondern im Bereich der Datenerhebung. Mit der telefonischen Befragung existiert ein altbewährtes Verfahren, das in der Variante des computergestützten Telefoninterviews (CATI) eine ernstzunehmende Alternative zur persönlich-mündlichen Befragung geworden ist.

5.5.2 Alternative Datenerhebungsverfahren: CATI, CAPI, Online-Befragungen

Bei der Betrachtung alternativer Datenerhebungsverfahren können wir uns – trotz der mehr verheißenden Überschrift – auf die telefonische Befragung beschränken und konzentrieren. Die *computergestützte persönlich-mündliche Befragung (CAPI)* stellt im Prinzip nur eine technisch optimierte Form der traditionellen face to face-Befragung dar und wird – bei einigen methodischen Fragezeichen – diese schon allein deshalb mit der Zeit verdrängen, weil die großen privatwirtschaftlich verfassten Umfrageinstitute in Deutschland – und nur solche können eine Befragung wie den ALLBUS durchführen – mittelfristig auf CAPI-Umfragen umsteigen werden. Die Diskussion um die Frage, welche Konsequenzen ein Umstieg des ALLBUS von traditionellen face to face-Interviews auf CAPI-Umfragen haben werden, ist allerdings noch am Anfang. Ebenfalls noch zu früh, aber mittelfristig interessant, ist sicher die *online-Befragung*, die viele Probleme des persönlich-mündlichen Interviews (Fehler bei der Auswahl der Zielpersonen, Interviewerfehler etc.) lösen könnte, zur Zeit aber für eine allgemeine Bevölkerungsumfrage nicht in Frage kommt, weil schlicht die Verbreitung der dazu benötigten EDV-Infrastruktur inklusive online-Zugang noch nicht ausreichend und vor allem noch nicht über alle Bevölkerungsschichten gegeben ist. Bei einer Telefondichte von 97% in den alten und 95% in den neuen Bundesländern (von der Heyde 1998) finden wir dagegen selbstverständlich eine vollkommen andere Ausgangssituation vor. Wenden wir uns deshalb der telefonischen Befragung als einer echten Alternative zum persönlich-mündlichen Interview – auch für den ALLBUS – zu.

5.5.2.1 Telefonbefragungen

Telefonbefragungen galten lange Zeit als „quick and dirty", wurden in „ernstzunehmenden" Publikationen zur Umfrageforschung nicht behandelt, und wo doch, dann eher abschlägig (z.B. Parten 1950; Sellitz et. al 1959; Kerlinger 1965; aber auch: Babbie 1979; Backstrom und Hursh-Cesar 1981); allenfalls zur Ergänzung „richtiger" Umfragemethoden – etwa zur Vorankündigung einer persönlich-mündlichen Befragung – wollte man gegebenenfalls auf telefonische Unterstützung zurückgreifen (Slocum et. al. 1956; Sudman 1966).

Diese Einschätzung hat sich mittlerweile deutlich geändert. Der Anteil der Telefoninterviews, die in der privatwirtschaftlich verfassten Markt- und Meinungsforschung in Deutschland 1996 und 1997 durchgeführt worden sind, lag bereits bei 40% aller Befragungen (ADM 1997; 1998), in der Wahlforschung sind sie zur Selbstverständlichkeit geworden. Der Anteil der Telefoninterviews, die von Einrichtungen der akademisch verfassten Sozialforschung und Universitäten in Deutschland durchgeführt werden, ist dagegen nach wie

vor niedrig (aus der FORIS-Datenbank[67] entnehmen wir für die Jahre
1987 bis 1996 einen Anteil der Telefoninterviews von 4%), aber
wohl weniger aus Skepsis gegen das Verfahren als aufgrund man-
gelnder Infrastruktur. Die Bedeutung, die man der telefonischen
Befragung mittlerweile auch in der akademischen empirischen Sozialforschung beimisst, schlägt sich in einer kaum noch überschaubaren
Vielzahl von Publikationen (z.B. Blasius und Reuband 1995; Fuchs
1995; Groves 1990; Hippler und Schwarz 1990; Hippler und Beckenbach 1992; Porst u.a. 1994) bis hin zu kompletten Buchveröf-
fentlichungen (z.B. Frey 1983; Frey, Kunz und Lüschen 1990; Fuchs
1994; Saris 1991; Strobel 1983) nieder.[68] Dies ist auch der Grund,
warum wir hier nicht näher auf die telefonische Befragung insgesamt
eingehen, sondern uns vorrangig auf den Vergleich mit persönlich-
mündlichen Umfragen konzentrieren wollen – schließlich wollen wir
ja wissen, ob wir den ALLBUS auch telefonisch durchführen könnten.

5.5.2.2 Telefonische und persönlich-mündliche Befragungen im Vergleich

Die *persönlich-mündliche* Befragung galt lange Zeit als der „Königsweg" der sozialwissenschaftlichen Datenerhebung. Man glaubte
– und gelegentlich wird das heute noch geglaubt –, dass durch persönlich-mündliche Befragungen gültigere und verlässlichere Daten
gewonnen werden könnten, als dies bei telefonischen oder schriftlichen Umfragen der Fall sei. Diese Bewertung verschaffte der persönlich-mündlichen Befragung in den empirischen Sozialwissen-

---

[67] Die Forschungsprojekt-Datenbank FORIS ist eine Dienstleistung des
Informationszentrums Sozialwissenschaften (IZ) in Bonn, einem der
Partnerinstitute von ZUMA in der GESIS

[68] Diese Liste ist willkürlich ausgewählt. In der Literaturdatenbank der
ZUMA-Feldabteilung sind zum 1. März 2000 rund 500 Titel dokumentiert, die sich mit telefonischen Befragungen beschäftigen, und auch diese erhebt keineswegs den Anspruch auf Vollständigkeit. Weitere Litera-
turauflistungen jüngeren Datums finden sich bei De Leeuw (1994),
Kurshid und Sahai (1995).

schaften eine lange Zeit uneingeschränkte Sonderstellung, die bis heute nachwirkt. Als *Vorteile* der *persönlich-mündlichen* Befragung gelten gemeinhin, dass

- es keine Beschränkungen hinsichtlich der Stichprobe gibt,
- dass sowohl die Befragungsdesigns wie auch die Fragen selbst (sehr) komplex sein können,
- dass eine relativ lange Befragungsdauer möglich ist, und
- dass durch den direkten Kontakt zwischen den beteiligten Akteuren eine bessere Interviewsituation hergestellt werden kann.

An *Nachteilen* der *persönlich-mündlichen* Befragung werden genannt:

- sinkende Ausschöpfungsraten (mehr Verweigerungen, schlechtere Erreichbarkeit der Zielpersonen),
- hohe und weiter ansteigende Kosten,
- lange Feldzeiten,
- allenfalls rudimentäre Kontrolle über das Geschehen im Feld,
- möglicherweise auftretende starke Interviewereffekte und
- die geringe Anonymität der Befragungssituation.

Die persönlich-mündliche Befragung ist fast allseitig einzusetzen, auch dann, wenn schwierige Zielgruppen erreicht werden müssen oder das Befragungsthema ein komplexes, lange Dauer beanspruchendes Befragungsinstrument erforderlich macht; sie ist aber sehr aufwendig und teuer, beansprucht relativ lange Feldzeiten und bietet kaum die Möglichkeit zu einer Kontrolle der Akteure im Feld.

Die *telefonische* Befragung – damit meinen wir ab jetzt grundsätzlich die *computergestützte* telefonische Befragung (CATI) – hat gegenüber der persönlich-mündlichen *Vorteile* insofern, als

- sie unter Umständen billiger ist,[69]
- die Stichprobengröße sehr hoch sein kann,

---

[69] Dass eine telefonische Befragung aber nicht *grundsätzlich* billiger sein muss als eine vergleichbare persönlich-mündliche Befragung, hat schon Anders (1982) aufgezeigt.

- ☐ die Feldzeiten kürzer sind,
- ☐ regionale Klumpungen in der Stichprobe vermieden werden können,
- ☐ die Kontakte zu den Zielpersonen erleichtert sind und dadurch relativ problemlos auch eine große Zahl an Kontaktversuchen unternommen werden kann,
- ☐ die Interviewerkontrolle gut, der Interviewereinfluss damit gering ist und nicht zufriedenstellendes Verhalten der Interviewer schnell erkannt und durch sofortige Nachschulungen korrigiert werden kann,
- ☐ das Feld insgesamt besser kontrolliert werden kann und die Möglichkeit der Standardisierung der Befragung verbessert sind,
- ☐ technische „Raffinessen" wie Rotation von Fragen oder Items ebenso wie komplexe Filterführungen möglich sind,
- ☐ eine relativ hohe Anonymität gegeben ist und
- ☐ die Daten genauer sind.

Auf der anderen Seite sind bei der *telefonischen* Befragung

- ☐ im Normalfall keine allzu langen Interviews möglich,
- ☐ nicht alle Fragentypen, vor allem keine langen und komplizierten Fragen einsetzbar und
- ☐ keine Befragungshilfen (Listen, Kartenspiele) möglich.

Die telefonische Befragung liefert in kürzester Zeit schnell erhobene Daten von guter Datenqualität; sie ist unter Umständen billiger als die persönlich-mündliche Befragung, Interviewereinflüsse jeglicher Art können eingeschränkt oder zumindest kontrolliert werden; es gibt aber gewisse Einschränkungen in der Befragungstechnik. Das ganze Spektrum ihrer Vorteile schöpft sie aber erst aus, wenn sie – wie heute üblich – als computergestütztes Telefoninterview (CATI) durchgeführt wird (Saris 1991; Porst u.a. 1994). Dass bei CATI-Befragungen relativ hohe Anschaffungskosten für Hard- und Software anfallen und dass sowohl der Aufwand für das Einarbeiten in die Programme selbst sowie beim Erstellen der „Fragebogen" (Programmierung und extensive Testphase) hoch ist, soll dadurch ausgeglichen werden, dass...

☐ selbst extrem komplexe Befragungsdesigns durch differenzierte Filterführungen abgearbeitet werden können,

☐ durch eine entsprechende Programmsteuerung ein weitestgehend individualisierter Befragungsablauf möglich ist,

☐ jederzeit ein Überblick über den aktuellen Stand der Befragung (Anzahl der realisierten Interviews, Art und Anzahl der Ausfälle) und selbst inhaltliche Zwischenauswertungen (Vorabauswertungen zu bestimmten Fragestellungen) möglich sind,[70]

☐ keine Datenerfassung erforderlich ist, und schließlich

☐ eine hohe Datengenauigkeit und eine hohe formale Datenqualität erreicht werden kann.

Dazu kommt, dass der Einfluss der Interviewer auf die Auswahl der Zielhaushalte praktisch ausgeschaltet ist, wenn intelligente CATI-Programme die Adress- und Terminverwaltung wahrnehmen; dem Interviewer werden auf dem Bildschirm Telefonnummern zugespielt, gegebenenfalls verbunden mit Informationen über bisherige Kontaktversuche.

Wie man sieht, hat das Telefoninterview also tatsächlich Vorteile gegenüber der face to face-Befragung, bringt aber auch gewisse Nachteile mit sich (etwa Beschränkungen in der Fragegestaltung und der Befragungsdauer), die gerade bei sozialwissenschaftlichen Umfragen, die ja häufig sehr komplex und mit hohem Zeitaufwand verbunden sind, wirksam werden können. Von daher ist gerade im Bereich der empirischen Sozialforschung eine pauschale Empfehlung zugunsten der einen oder anderen Form der Datenerhebung nicht angeraten. Vielmehr hat man in jedem Einzelfalle aufs Neue zu erwägen, für welche Form der Datenerhebung man sich letztendlich entscheidet. Dies wollen wir nun für den ALLBUS tun.

---

[70] Das heißt, man kann jederzeit nachschauen, wie viele Interviews gerade aktualisiert sind, und man kann ebenso erste inhaltliche Auswertungen auf der Basis der bisher erhobenen Interviews vornehmen.

5.5.2.3 Der Telefon-ALLBUS

Generell muss man beim Wechsel von einer Befragungsart zu einer anderen – insbesondere wenn die Grundidee der entsprechenden Befragung (wie beim ALLBUS) die der Gewinnung von Zeitreihen ist – zunächst einmal die Frage nach Unterschieden im Antwortverhalten stellen. Vergleichsstudien haben immer wieder zu dem Ergebnis geführt, dass sich solche Unterschiede zwischen unterschiedlichen Datenerhebungsverfahren (mode effects) tatsächlich ergeben, aber auch, dass sie in den letzten Jahren weniger auffällig geworden sind (De Leeuw und van der Zouwen 1988: 293). Was die Qualität der erhobenen Daten insgesamt angeht, geht man mittlerweile allerdings sicher davon aus, dass Telefonbefragungen im Vergleich mit persönlich-mündlichen Befragungen zumindest gleichwertige Daten produzieren (z.B. Groves 1979).

Die mode effects werden also geringer, die Datenqualität bei telefonischen Befragungen immer besser – was spricht noch gegen einen Telefon-ALLBUS?

Trometer (1990) verweist schon sehr früh auf drei Problembereiche, die sich beim Umstieg des ALLBUS auf Telefoninterviews insbesondere unter dem Gesichtspunkt der Zeitreihenfähigkeit negativ auswirken könnten, nämlich

[] eine Veränderung der Grundgesamtheit hin zu den telefonisch Erreichbaren,
[] unterschiedliche Ausschöpfungen für unterschiedliche Gruppen von Telefonbesitzern und
[] den Einfluss des Datenerhebungsverfahrens selbst.

Vor allem nach der Beschäftigung mit dem Einfluss auf die Grundgesamtheit, so Trometer (1990: 76), „verbietet sich aufgrund der berichteten Daten eine Umstellung auf den telefonischen Erhebungsmodus, da die Fortführung bestehender Zeitreihen ... unmöglich gemacht würde".

Hätte dies ein guter Abschluss für die Beschäftigung mit der Umstellung des ALLBUS auf eine telefonische Befragung sein können, gibt es seit Trometers Schlussfolgerung – die zu seiner Zeit durchaus Berechtigung hatte – allerdings wesentliche Entwicklungen im Bereich der telefonischen Befragung, die – neben eher profanen Dingen wie explodierenden Feldkosten und sinkenden Ausschöpfungsraten bei persönlich-mündlichen Befragungen – die Diskussion um den telefonischen ALLBUS neu entfacht haben.

So muss die Frage nach Veränderungen der Grundgesamtheit durch Übergang zur telefonischen Befragung heute ganz anders beantwortet werden als damals. Zum einen – darauf ist an anderer Stelle hingewiesen worden – ist die Telefondichte in Deutschland mittlerweile so hoch, dass kaum noch Personen telefonisch nicht zu erreichen sind; zudem gibt es auch bei der persönlich-mündlichen Befragung genau definierbare „Randgruppen", die üblicherweise nicht zur Befragung gelangen (s. etwa Schnell 1991b; 1997). Auch wird durch die Entwicklung entsprechender Stichprobenverfahren wie Random Digit Dialing (Auswahl einer Telefonnummer aus einem Register und Veränderung der letzten oder der beiden letzten Ziffern als Anrufnummer) sichergestellt, dass selbst Haushalte, die nicht im Telefonbuch stehen, eine Chance haben, in die Befragung zu gelangen. Ausgehend von einem Random Digit Dialing-Verfahren ist bei ZUMA ein neues Stichprobendesign entwickelt worden, bei dem auch nicht in Telefonbüchern oder CD-ROM eingetragene Haushalte in telefonische Befragungen einbezogen werden können und alle Telefonnummern die gleiche Auswahlwahrscheinlichkeit haben. Dabei wird eine Obermenge von Ziffernfolgen generiert, die im Prinzip alle eingetragenen und nicht-eingetragenen Telefonnummern enthält und aus der uneingeschränkt zufällig ausgewählt wird. Für dieses modifizierte Random Digit Dialing-Verfahren ist ein Computerprogramm namens TelSuSa (Telephone Survey Sampling) entwickelt worden, das eine effiziente und zeitsparende Generierung von Telefonstichproben ermöglicht (vgl. Häder und Gabler 1998; Gabler und Häder 1999). Dieses Verfahren wird mittlerweile auch in den Mitgliedsinstituten des ADM (Arbeitskreis Deutscher Markt- und Sozialforschungsinstitute e.V.) eingesetzt.

Was die Ausschöpfungen bei telefonischen Umfragen angeht, lagen diese zunächst unter denjenigen für persönlich-mündliche Befragungen. Dies hat sich aber ebenfalls verändert: die Ausschöpfungen bei letzteren sind zumindest tendenziell gesunken, die bei Telefonbefragungen zumindest auf einem vergleichbaren Niveau angelangt. Die Forschungsgruppe Wahlen e.V. in Mannheim verweist z.B. darauf, dass es bei telefonischen Befragungen keine Probleme aufgrund sinkender Ausschöpfungen gebe; nach der Umstellung der monatlichen Politbarometer von face to face auf Telefon seien die Ausschöpfungen sogar angestiegen, hätten sich zwar langsam, aber kontinuierlich erhöht (vgl. Porst 1996b: 20).

Auch wenn die beiden besprochenen Aspekte – Grundgesamtheit und Ausschöpfung – trotz der Entwicklungen der letzten Jahre besser handhabbar sind, werden sie bei der Diskussion um die Umstellung des ALLBUS nach wie vor zu bedenken sein. Von vorrangiger Bedeutung – von Trometer (1990) als drittes Problemfeld angesprochen – ist wohl der Effekt der Verfahrensumstellung auf das Datenerhebungsinstrument selbst. Es ist sicherlich kein Zufall, dass sich der aktuellste Beitrag zu einem eventuell telefonischen ALLBUS (Wüst 1998) ausführlich mit dem Fragebogen selbst beschäftigt, der als wesentlicher Hindernisgrund für einen telefonischen ALLBUS dargestellt wird: „Um den ALLBUS telefontauglich zu machen, bedarf es eines weniger umfangreichen Fragenprogramms und zahlreicher Änderungen bei Einzelfragen sowie manchen Fragetypen. Zum Teil kann man sich an Frageformulierungen aus anderen Telefonumfragen orientieren, doch bei einer ganzen Reihe von Fragen wird man um völlig neue Fragenentwürfe nicht umhin kommen" (Wüst 1998: 33). Dass dies nicht ohne Einfluss auf die Zeitreihenfähigkeit der ALLBUS-Daten bleiben kann, liegt auf der Hand. Was wäre zu tun?

Zum einen wäre eine Kürzung der durchschnittlichen Befragungsdauer erforderlich; die angestrebte durchschnittliche Befragungsdauer müsste von jetzt ca. 60 Minuten auf dann nur noch ca. 30 Minuten reduziert werden. Zwar konnte bei einer Reihe von Telefonbefragungen festgestellt werden, dass die Befragungsdauer im Prinzip nicht kürzer sein muss als bei persönlich-mündlichen Umfragen auch (z.B. Dillman 1978; Jordan u.a. 1980; Brückner 1985), doch handelte es sich dabei zumeist um die Befragung von Spezialstichproben oder um Themen, welche bei der befragten Person durch Betroffenheit Interesse weckten. Von der Ausdehnung von Mehrthemenbefragungen am Telefon über 30 Minuten raten dagegen akademische wie kommerziell arbeitende Umfrageforscher mehr oder weniger unisono ab.

Für den ALLBUS gebe es – so Wüst (1998) – durchaus gute Möglichkeiten, eine Befragungsdauer von 30 Minuten zu erreichen (z.B. durch Kürzungen in der recht umfangreichen Demographie), ohne das bisherige Fragenprogramm wesentlich zu reduzieren. Aber: „Jede dieser Art von Kürzungen würde den ALLBUS jedoch verändern" (Wüst 1998: 34).

Die erforderlichen Modifikationen der bisherigen Fragen führen schließlich dazu, „davon abzuraten, den ALLBUS möglichst unverändert telefonisch durchführen zu wollen... Muss das Fragenprogramm genau so bleiben wie es ist, sollte man auch den Befragungsmodus beibehalten" (ebenda). Die Diskussion um die Umstellung des ALLBUS von einer persönlich-mündlichen zu einer telefonischen Befragung findet denn auch ein eher ablehnendes Fazit, das unabhängig vom ALLBUS durchaus verallgemeinert werden kann:

„Die Vorteile, die ein Umstieg auf das Telefon brächten, würden durch die Nachteile eines nicht angepassten Fragenprogramms obsolet. Wird ein Umstieg ernsthaft erwogen, bedarf es nicht nur Feldtests vieler problematischer und modifizierter Fragen und Alternativen, sondern auch die Durchführung eines telefonischen ALLBUS parallel zum ALLBUS 2000 oder 2002. Insbesondere im Hinblick auf die Fortführung der Zeitreihe böte dies die Möglichkeit, zumindest für die meisten soziodemographischen und eine Reihe inhaltlicher Fragen, die Summe der Effekte, die der Wechsel auf das Telefon brächte, genauer zu beziffern. Nur auf der Grundlage dieser Ergebnisse ließe sich dann eine empirisch untermauerte Entscheidung für oder gegen den Wechsel des Befragungsmodus fällen" (Wüst 1998: 64).

6. Umfragen als Instrument der Beschreibung und Erklärung

Nachdem wir jetzt eine Vorstellung davon gewonnen haben, wie eine Umfrage vorbereitet und durchgeführt wird und welche Probleme dabei auftreten können, wollen wir uns im folgenden mit Fragen der Auswertung der Umfrageergebnisse und der Vielfalt von Möglichkeiten beschäftigen, inhaltliche Schlüsse aus Umfragedaten zu ziehen. Da die Nutzung von ALLBUS-Daten ausschließlich im Sinne sekundäranalytischer Auswertung möglich ist, muss diesem Sachverhalt hinreichend Rechnung getragen werden.

Wir beginnen zunächst mit einer übersichtsartigen Darstellung des *Zustandekommens sozialwissenschaftlicher Aussagen*. Am Beispiel von Fragen des ALLBUS 1980 zu Kontakten und Einstellungen zu Gastarbeitern (Fragen, die auch in späteren ALLBUS-Umfragen wiederholt zum Einsatz gekommen sind) werden wir darstellen, wie sozialwissenschaftliche Aussagen auf der Grundlage sekundäranalytischer Auswertung zustandekommen können.

Es folgt dann ein Kapitel über den *ALLBUS als Wissensquelle*: Wir geben einen Überblick über eine Reihe inhaltlicher und methodischer Erkenntnisse, die auf der Basis von ALLBUS-Daten gewonnen werden konnten, um damit auf die Vielfalt von Möglichkeiten hinzuweisen, die mit dem ALLBUS verbunden sind.

6.1 Das Zustandekommen sozialwissenschaftlicher Aussagen – Zur Sekundäranalyse von Umfragedaten

„Negative Einstellungen (zu Gastarbeitern) und Diskriminierung auf verbaler Ebene sind ... kein repräsentatives Einstellungsmuster der bundesdeutschen Gesellschaft, sondern relativ häufiger bei Personen mit niedrigerem objektiven Status zu finden.

Erfahrungen mit Wettbewerb ... im sozioökonomischen Bereich, vor allem als Konkurrenz um Arbeitsplätze, verstärken offensichtlich die Diskriminierungsbereitschaft, während tatsächliche Kontakte in jedem Falle eine wichtige Rolle bei der Verhinderung bzw. Reduzierung von Diskriminierung spielen."

Diese Schlussfolgerungen der – schon etwas älteren, aber für unsere Zwecke dennoch[71] gut geeigneten – Arbeit von Krauth und Porst (1984) über sozioökonomische Determinanten von Einstellungen zu „Gastarbeitern" bilden eine sozialwissenschaftliche Aussage, genauer gesagt die *Erklärung* eines sozialen Tatbestandes (nämlich der Einstellung zu bzw. der Diskriminierung von Gastarbeitern) durch andere soziale Faktoren (Status als Stellung von Personen in einem vertikal angeordneten Schichtungssystem, Wettbewerb als Interaktion zwischen Personen mit dem Ziel der Erlangung bestimmter knapper Positionen und Kontakt als Interaktion in spezifischen Handlungsfeldern).
Die zitierte Aussage lässt sich nun in mehrere Teilaussagen aufschlüsseln:

1. Es gibt negative Einstellungen zu und verbale Diskriminierung von Gastarbeitern (nennen wir diesen Sachverhalt der Einfachheit halber „DISK").
2. DISK ist nicht ein generelles Einstellungsmuster in der bundesdeutschen Bevölkerung.
3. DISK korreliert negativ mit dem sozialen Status von Personen als Einstellungsträgern. .
4. DISK findet sich bei Personen, die Wettbewerbserfahrung mit Gastarbeitern haben.
5. DISK korreliert negativ mit Kontakten zu Gastarbeitern.

Wir wollen nun Schritt für Schritt betrachten, wie diese fünf Teilaussagen und ihre – oben zitierte – Zusammenfassung zustandegekommen sind. Wir haben dabei zu berücksichtigen – und wir werden uns

---

[71]   trotz der Tatsache, dass der Begriff „Gastarbeiter" heute nicht mehr gebräuchlich ist und man eher von „ausländischen Arbeitnehmern" oder „ausländischen Mitbürgern" spricht. Dieser Tatsache gerecht zu werden ist im ALLBUS-Kontext durch systematische Untersuchungen über den Einfluss von Veränderungen des Fragenstimulus auf die Zeitreihenfähigkeit der Daten versucht worden (Blank und Schwarzer 1994).

an verschiedenen Stellen im folgenden Text damit auseinandersetzen müssen –, dass die Aussagen Ergebnisse *sekundäranalytischer* Auswertungen sind.

Als *Sekundäranalyse* im weitesten Sinne bezeichnet man die auswertende Bearbeitung von Daten, die nicht durch den analysierenden Forscher oder in dessen Auftrag erhoben worden sind. Analysen mit ALLBUS-Daten sind demzufolge immer Sekundäranalysen (auch wenn der entsprechende inhaltliche Gegenstand vorher noch nicht bearbeitet worden ist), weil der Datennutzer und Auswerter in der Regel keinen Einfluss auf das Zustandekommen der ihm nun vorliegenden Daten hatte. Im Gegensatz zur *Primärforschung*, bei der der Auswerter selbst an der Konzeption einer Umfrage und an der Entwicklung des Fragebogens beteiligt gewesen ist, bekommt der Sekundäranalytiker „fertige" Daten. Dass dies in mancherlei Hinsicht Konsequenzen hat, wird noch anzusprechen sein. Zunächst einmal reicht die Feststellung, dass der Ausgangspunkt von Analysen mit ALLBUS-Daten grundsätzlich und definitiv dadurch bestimmt ist, dass sowohl der Fragebogen wie auch der zur Verwendung kommende Datensatz als gegeben hinzunehmen sind.

Sekundäranalytische Auswertungen haben – neben den Nachteilen, auf die wir noch zu sprechen kommen werden – sicherlich ihre Vorteile: Die Möglichkeit, auf bereits vorhandene Datensätze zurückgreifen zu können, erleichtert Forschung und macht sie billiger, weil nicht jedes Mal neue Umfragen gestartet werden müssen, wenn jemand eine Forschungsfrage empirisch beantworten will. Bereits vorhandene Daten können von unterschiedlichen Forschern bearbeitet und dadurch intensiver genutzt werden (Vermeidung von „Datenfriedhöfen"). Zugleich erhöhen zur Sekundäranalyse freigegebene Daten die Transparenz der Forschung, weil jedes publizierte Ergebnis von anderen Forschern überprüft werden kann. Man sieht also, dass Sekundäranalysen außerordentlich interessante und kostengünstige Alternativen zur Primärforschung sein können, insbesondere dann, wenn die Standards der archivierenden Einrichtungen so hoch sind, wie dies für Deutschland etwa beim Zentralarchiv für empirische Sozialforschung in Köln der Fall ist.

6.1.1   Theoretische Vorarbeiten

Neugierde ist aller Forschung Anfang. Ganz zu Beginn jedes Forschungsvorhabens steht deshalb (vgl. Kapitel 5.1.1) die Definition des *Forschungszieles*. Die Arbeit von Krauth und Porst (1984) wurde durch die damalige Aktualität eines realen Themas und seine Behandlung in den Medien angeregt:

> Das Nachrichtenmagazin DER SPIEGEL beschäftigte sich in seiner Ausgabe vom 15. September 1980 in der Titelgeschichte mit dem „Fremdenhass in der Bundesrepublik"; eine „neue Welle von Ausländerfeindlichkeit" sei zu vermerken, und wenngleich sicher sei, dass massivere Formen von Aggression gegen Ausländer nach wie vor vereinzelte Phänomene und vereinzelten extremistischen Tätern anzulasten seien, so spreche doch manches dafür, „dass die Gewalt nur der sichtbare Ausdruck einer Stimmung ist, die sich im Bundesvolk breitgemacht hat".

Nach einer hinreichenden Beschäftigung mit der zu diesem Thema vorhandenen wissenschaftlichen und populären Literatur (vgl. auch dazu Kapitel 5.1.1)[72] können wir nun unser Forschungsziel in präzisere *Forschungsfragen* fassen. Gehen wir wieder zu unserem Beispiel zurück:

> Erste Hilfestellung bei der Formulierung der Forschungsfrage gab das SPIEGEL-Zitat; man erfuhr dort, dass in der Bundesrepublik eine Ablehnung von Gastarbeitern erkennbar sei und dass sich diese Ablehnung zunehmend dramatisiere.

> Die erste Frage, die sich daraus ableiten lässt, ist: Gibt es eine solche, vom SPIEGEL behauptete Ablehnung tatsächlich, d.h. lässt sie sich empirisch nachweisen, und wenn ja, ist sie in der Tat ein repräsentatives Einstellungsmuster in der bundesdeutschen Bevölkerung?

> Was aber, wenn der letzte Teil der Frage mit „Nein" zu beantworten sein würde, wenn zwar eine Ablehnung von Gastarbeitern tatsächlich empirisch nachgewiesen werden könnte, aber nicht als

---

[72] Die meisten der im folgenden beschriebenen Schritte können zeitlich hintereinander, aber ebenso gut auch zeitlich parallel ablaufen.

repräsentatives Einstellungsmuster? Dann müsste es ganz bestimmte Kategorien von Personen geben, die als Träger negativer
Einstellungen zu identifizieren sein könnten, etwa über bestimmte
politische Grundausrichtungen, vielleicht über bestimmte religi-
ös-dogmatische Haltungen, oder über was auch immer.

Krauth und Porst (1984) gingen von folgender Überlegung aus:
Bei sich verschlechternder wirtschaftlicher Lage und bei hoher
Arbeitslosigkeit in der Bundesrepublik könnten Ausländer verstärkt als Konkurrenten um Arbeitsplätze wahrgenommen werden. Wenn dies so wäre, könnten Einstellungen zu „Gastarbeitern" abhängig sein von im weitesten Sinne sozioökonomischen
Merkmalen der Einstellungsträger und damit verbundenen Vor-
aussetzungen für eine Wettbewerbsbehauptung.

Die Formulierung der Forschungsfrage(n) ist in der Regel eine krea-
tive, sozialwissenschaftliches „Gespür" beanspruchende Handlung.
Bei sekundäranalytischen Auswertungen liegt es auf der Hand, dass
dieser Kreativität durch den vorliegenden Datensatz gewisse Grenzen
gesetzt sind – eine Forschungsfrage anzugehen, die mit den vorhandenen Daten nicht angemessen bearbeitet werden kann, macht keinen
Sinn, auch wenn sie noch so kreativ und spannend ist. Wir haben uns
also bereits frühzeitig mit dem Fragebogen zu beschäftigen, mit dessen Hilfe unsere Daten erhoben worden sind und mit den Daten
selbst. Im Gegensatz zur Primärforschung, wo die Frage lautet:
„Welche Fragen nehmen wir in den Fragebogen auf?" heißt die Frage
hier: „Welche Fragen sind in dem Fragebogen enthalten gewesen?"
Mit den Beschränkungen bei der Formulierung der Forschungsfra-
ge(n) verbunden ist auch die Begrenzung der zu ihrer Beantwortung
erforderlichen Variablen. Kann der Primärforscher Forschungsfrage
und Variablen selbst bestimmen, ist der Sekundärforscher darauf
angewiesen, dass er in den vorliegenden Daten findet, was er
braucht; er muss den Fragebogen oder den Datensatz nach Verwert-
barem sichten – dies gilt sowohl für die interessierenden Variablen
wie auch die konkreten Fragen des Fragebogens. Selbst die Auswahl
eines passenden theoretischen Bezugsrahmens hängt bei der sekundäranalytischen Vorgehensweise davon ab, ob sich dessen zentralen
Aspekte im vorhandenen Material wiederfinden.

Es war zu einem gewissen Teil sicherlich diese Tatsache, die Krauth und Porst (1984) veranlassten, sich ihrer Forschungsfrage nicht auf dem Wege der recht „populären" sozialpsychologischen „Sündenbock-Theorie" (Allport 1954)[73] zu nähern, sondern einen soziologischen Ansatz zu wählen, der Diskriminierung von Gastarbeitern als Minderheiten in Abhängigkeit von ökonomischem Wettbewerb oder Wettbewerbserwartung zu erklären versuchte. Wettbewerbsbefürchtungen und Bedrohung des eigenen Status, so dieser Ansatz, verstärken die Abwehrbereitschaft von Personen gegen mutmaßliche Konkurrenten; Mangel an Wettbewerbsfähigkeit wird durch Diskriminierung auszugleichen gesucht (Esser 1980).

Diskriminierungsbereitschaft und Diskriminierungsverhalten sind in diesem Ansatz nicht generalisiert auf alle Personen einer Population, sondern abhängig von objektiven Wettbewerbssituationen oder subjektiv wahrgenommenem Wettbewerb. Anders gesagt: Diskriminierungen sollten verstärkt bei solchen Personen auftreten, die tatsächlich oder vermeintlich in ökonomischer Konkurrenz zu Gastarbeitern stehen: „Die Wahrnehmung von Gastarbeitern als Konkurrenten konzentriert sich im wesentlichen auf die sozioökonomische Dimension des Wettbewerbs um Arbeitsplätze. Da Gastarbeiter (wenn überhaupt) als Konkurrenten um objektiv niedrig platzierte Berufspositionen agieren, dürfte eine Wettbewerbssituation bzw. Wettbewerbserwartung verstärkt bei solchen einheimischen Personen aufzufinden sein, die aufgrund eigener sozioökonomischer Defizite selbst auf die Ausübung niedrig bewerteter Berufstätigkeiten angewiesen sind... Neben dem *objektiven* Status müsste die Wahrnehmung der eigenen Position in der Gesellschaft, also ein *subjektiver* Status, insofern eine Rolle spielen, als sie die Wahrnehmung individueller

---

[73] Die „Sündenbock-Theorie" geht davon aus, dass Gruppen zur Wahrung ihrer Integration, also ihres Zusammenhangs und ihrer Solidarität, bestimmte andere gesellschaftliche Gruppen als Fremdgruppen definieren, denen sie mit Ablehnung gegenübertreten. Die tatsächliche oder vermeintliche Gefährdung der eigenen Gruppe durch die Fremdgruppe führt zu einer verstärkten Bereitschaft, die Mitglieder der Fremdgruppe zu diskriminieren, weil diese – als Sündenböcke – für eine drohende Desintegration der Eigengruppe verantwortlich gemacht werden.

Wettbewerbschancen beeinflusst..." (Krauth und Porst 1984: 240/241).

Nachdem der theoretische Bezugsrahmen und die Forschungsfragen formuliert sind, hätte der Primärforscher nun die Aufgabe, die benötigten Variablen zu definieren und die zu ihrer Messung erforderlichen Fragebogen-Fragen zu formulieren. Der Sekundäranalytiker hat spätestens jetzt – falls er es bisher noch nicht getan hat – zu schauen, ob Variablen und Fragen im vorliegenden Fragebogen bzw. im vorliegenden Datensatz vorhanden sind.

Bei der *Sichtung der vorliegenden Variablen* geht es zunächst nur um die Frage, ob die zentralen Aspekte der Fragestellung ihre Äquivalente im Fragebogen finden; anders ausgedrückt, ob es Variablen gibt, die geeignet sind zur Messung und Beschreibung der einzelnen in den Fragestellungen genannten Aspekte. Dazu müssen diese zunächst expliziert werden; in unserem Falle: „Einstellungen zu Gastarbeitern", „sozioökonomische Merkmale der Einstellungsträger" (objektive Statusmerkmale), „subjektive Interpretation der eigenen gesellschaftlichen Position" (subjektive Statusmerkmale) und „sozioökonomische Konkurrenz". Im einzelnen lagen dazu folgende Variablen für die entsprechenden Dimensionen vor[74]:

Dimension		*Variablen*
A: Einstellungen zu Gastarbeitern	a1:	Anpassung an den Lebensstil der Deutschen
	a2:	Ausweisung bei Arbeitsplatzknappheit
	a3:	Verbot politischer Betätigung
	a4:	Wahl des Ehepartners
B: Sozioökonomische Merkmale der Einstellungsträger („objektive Statusmerkmale")	b1:	Schulabschluss
	b2:	Beruflicher Ausbildungsabschluss
	b3:	Netto-Einkommen
	b4:	Berufsprestige für gegenwärtigen Beruf
	b5:	Berufsprestige für letzten Beruf

---

[74] Die genauen Formulierungen der Fragen finden sich in Kapitel 6.1.2.

Dimension	Variablen
C: Subjektive Interpretation der eigenen gesellschaftlichen Position („subjektive Statusmerkmale")	c1: Subjektive Schichteinstufung c2: Einstufung auf der Oben-Unten-Skala c3: Wahrnehmung sozialer Gerechtigkeit („Equity")
D: Sozioökonomische Konkurrenz	d1: Aktuelle Arbeitslosigkeit der Befragungsperson d2: Aktuelle Arbeitslosigkeit des Ehepartners

Damit konnte zunächst davon ausgegangen werden, dass die zentralen Aspekte der Fragestellung durch entsprechende Variablen im Fragebogen des ALLBUS 1980 repräsentiert waren. Bei der Sichtung des Fragebogens kam noch eine weitere Dimension in die Diskussion, nämlich die Frage nach Kontakten zu Gastarbeitern:

Dimension	Variablen
E: Kontakte zu Gastarbeitern	e1: in der eigenen Familie oder näheren Verwandtschaft e2: am Arbeitsplatz e3: in der Nachbarschaft e4: im sonstigen Freundes- und Bekanntenkreis

Die Bedeutung dieser Kontaktvariablen für die Frage nach Einstellungen zu Gastarbeitern war zunächst offen; zwar wurde ein Zusammenhang zwischen Kontakten und Einstellungen vermutet, doch gab es zunächst nur Spekulationen über die Richtung dieses Zusammenhangs. Erst die Sichtung der entsprechenden Literatur konnte hier Aufschlüsse geben, wenngleich sie nicht zu einer gerichteten Hypothese, sondern zu einer eher unpräzisen Überlegung führte:

6. Ob tatsächliche Kontakte Vorurteile und Diskriminierungsbe-
    reitschaft vermindern oder im Gegenteil sogar erhöhen, hängt
    ab von der Art, Intensität, Wichtigkeit und einer Reihe ande-
    rer Kriterien der stattfindenden Kontakte (Amir 1969). Belie-
    bige Kontakte alleine lassen nicht von vornherein eine Redu-
    zierung von Vorurteilen und Diskriminierungsbereitschaft
    erwarten (Allport 195: 263). Kontakte zu Gastarbeitern beein-
    flussen also Einstellungen zu ihnen, ohne dass a priori etwas
    über die Richtung der Beeinflussung ausgesagt werden könn-
    te.

Diese Überlegung ist deshalb mit der Nummer 6 beziffert, weil ihr im
Zusammenhang mit der Arbeit von Krauth und Porst (1984) fünf
andere vorausgegangen waren, die mit der eigentlichen Fragestellung
im Zusammenhang gestanden haben und auch präziser als die gerade
angeführte waren; sie wurden als Frage oder als Hypothese expliziert:

1. Gibt es in der Bundesrepublik eine Ablehnung von Gastar-
    beitern bzw. können dahingehende Vermutungen empirisch
    bestätigt werden, und wenn ja, handelt es sich dabei um ein
    allgemein verbreitetes Einstellungsmuster?

Unter dem Aspekt der sozioökonomischen Determination von Einstellungen zu Gastarbeitern wurden folgende Hypothesen formuliert:

2. Je höher der *objektive* Status von Personen, desto geringer ih-
    re verbale Diskriminierungsbereitschaft gegenüber Gastar-
    beitern.
3. Je höher der *subjektive* Status von Personen, desto geringer
    ihre verbale Diskriminierungsbereitschaft gegenüber Gastar-
    beitern.
4. Je deutlicher die Wahrnehmung von Gastarbeitern als *Kon-
    kurrenten* um Arbeitsplätze ist, umso stärker ist die verbale
    Diskriminierungsbereitschaft gegenüber Gastarbeitern. Die
    Wahrnehmung von Gastarbeitern als Konkurrenten auf dem
    Arbeitsmarkt ist umso deutlicher, je geringer der objektive
    und subjektive Status der befragten Person sind.
5. Personen mit *Erfahrung von Arbeitslosigkeit* haben negativere
    Einstellungen zu Gastarbeitern.

Dies also die Fragestellungen und Hypothesen, die abgeleitet wurden und empirisch zu prüfen waren. Wir werden uns im Kapitel über die Auswertung von Umfragedaten (Kapitel 6.1.4) allerdings nicht mehr mit allen sechs Fragen und Hypothesen beschäftigen, sondern nur noch mit 1, 2, 5 und der zuerst formulierten Frage 6.

6.1.2 Operationalisierung

Wären wir nicht Sekundär- sondern Primärforscher, hätten wir nun die zentralen Begriffe (Variablen) unserer Fragestellungen und Hypothesen in Fragebogenfragen umzusetzen. Bei der Sekundäranalyse aber sind wir darauf angewiesen, uns mit vorhandenen Fragebogen-Fragen abfinden und zufrieden geben zu müssen. Dies hat den „Vorteil", dass wir uns nicht mit der Formulierung des Fragebogens und seiner Fragen abplagen müssen, hat aber den Nachteil, dass wir mit vorgegebenen Fragen arbeiten müssen, die vielleicht nicht ganz so aussehen, wie wir uns das vorstellen, vielleicht auch anders aussehen würden, wenn wir sie selbst formuliert hätten. Wie auch immer, für unsere Sekundäranalyse haben wir zu prüfen, was der vorliegende Fragebogen bietet.

Als abhängige, zu erklärende Variablen der Arbeit von Krauth und Porst (1984) dienten vier Aussagen des ALLBUS 1980 zur Messung von Einstellungen zu Gastarbeitern. Vermittels einer Siebener-Skala

stimme überhaupt nicht zu	1	2	3	4	5	6	7	stimme voll und ganz zu

sollten die Befragten ihre Meinung zu den folgenden vier Aussagen kundtun:

A) Gastarbeiter sollten ihren Lebensstil ein bisschen besser an den der Deutschen anpassen.
B) Wenn Arbeitsplätze knapp werden, sollte man die Gastarbeiter wieder in ihre Heimat zurückschicken.

C) Man sollte Gastarbeitern jede politische Betätigung in Deutschland untersagen.

D) Gastarbeiter sollten sich ihre Ehepartner unter ihren eigenen Landsleuten auswählen.

Der Grad der Zustimmung zu jeder dieser Aussagen konnte begründet (vgl. dazu Krauth und Porst 1984: 236-239) als Maß für verbale Diskriminierungsbereitschaft interpretiert werden.

Problematischer (hier zeigt sich eines der zentralen Handicaps der Sekundäranalyse, nämlich die Notwendigkeit, auf vorliegende Frageformulierungen zurückgreifen zu müssen) erwies sich die ALLBUS-Frage nach Kontakten zu Gastarbeitern:

Haben Sie persönlich unmittelbare Kontakte zu Gastarbeitern oder zu deren Familien, und zwar

[ ]	in Ihrer eigenen Familie oder näheren Verwandtschaft	ja	nein
[ ]	an Ihrem Arbeitsplatz	ja	nein
[ ]	in Ihrer Nachbarschaft	ja	nein
[ ]	in Ihrem sonstigen Freundes- und Bekanntenkreis	ja	nein

Diese Frage misst tatsächlichen Kontakt der Befragten zu Gastarbeitern in unterschiedlichen, sehr wahrscheinlich emotional ungleich besetzten Kontaktfeldern. Es wird dabei nur die Tatsache eines Kontaktes überhaupt registriert, nicht aber die Häufigkeit und schon gar nicht die Intensität oder Bewertung der Kontakte. Damit sind spezifische Zusammenhänge zwischen Kontakten und Einstellungen zu Gastarbeitern im Sinne der Thesen von Amir (1969) und Allport (1954) (vgl. Kapitel 6.1.1.) nicht positiv zu überprüfen.

Der Primärforscher hätte sich an dieser Stelle zu fragen, warum er entsprechende Fragestellungen nicht in seinen Fragebogen eingebaut hatte; der Sekundäranalytiker bleibt frei von solchen Selbstzweifeln, muss aber damit leben, dass er halt nur das prüfen kann, was der vorliegende, von ihm nicht zu verantwortende Fragebogen hergibt.

Ein weiterer wichtiger Unterschied zwischen der Primärforschung und der Sekundäranalyse besteht darin, dass der Sekundäranalytiker auf einen – mehr oder weniger guten, zumeist aber „fertigen" – Datensatz zurückgreifen kann, während der Primärforscher diese Grundlage für die weiteren Auswertungen selbst schaffen (oder schaffen lassen) muss. Wir wollen deshalb – bevor wir uns mit der Auswertung von Umfragedaten beschäftigen – ein wenig bei der Datenerfassung und der Datenaufbereitung verweilen.

6.1.3   Datenerfassung und Datenaufbereitung

Wenn man nicht ohnehin computergestützt befragt, hat man am Ende seiner Befragung zunächst einmal „nur" einen mehr oder weniger großen Stapel (hoffentlich gut) ausgefüllter Fragebogen vor sich lagern. Eine effiziente Auswertung der Befragungsergebnisse setzt aber voraus, dass die Daten EDV-lesbar vorliegen, so dass in der empirischen Sozialforschung gängige Auswertungsverfahren (SPSS, SAS, NSDstat usw.) zum Einsatz kommen können. Bevor es aber soweit ist, müssen die Daten „erfasst", die offenen Fragen „verkodet", die Daten bereinigt und in einen mit dem vorhandenen Auswertungsprogramm zu bearbeitenden Systemfile übersetzt werden.

Der erste Schritt der Datenerfassung besteht in der EDV-Umsetzung der geschlossenen (also der vermittels vorgegebener Antwortkategorien beantworteter) Fragen. Die Datenerfassung erfolgt normalerweise durch direkte Eingabe der den Antwortkategorien entsprechenden Codeziffern[75] in Dateneingabemasken, durch Simulation einer computergestützten Befragung, bei der jeder einzelne Fragebogen über das Befragungsprogramm eingegeben wird oder auch automatisch per Belegleser.[76]

---

[75]   Wenn z.B. bei einer Frage drei Antwortkategorien „ja", „teils/teils" und „nein" vorgegeben sind, wird jeder dieser Kategorien bei der Datenerfassung ein numerischer Wert zugeordnet, z.B. 1 für „ja", 2 für „teils/teils" und 3 für „nein". Ist im Fragebogen nun „ja" angekreuzt, wird für diese Frage nur die Ziffer 1 eingegeben, ist „teils/teils" angekreuzt dann eben die 2 und bei „nein" die Ziffer 3.

[76]   In der „guten alten Zeit" kam dabei der sogenannten Lochkarte zentrale Bedeutung zu. Noch bis Mitte der Achtziger Jahre war die Erfassung von Daten mit Hilfe von Lochkarten das gängige Verfahren, und wer aus historischem Interesse einmal nachsehen möchte, wie eine solche Lochkarte und der Weg der Information vom Fragebogen zur Lochkarte in

Die offenen Fragen, zu denen es im Fragebogen freie Antwort-
texte gibt, müssen zunächst verkodet werden, bevor sie – wie die
geschlossenen Fragen – erfasst werden können. Dazu muss zu jeder
offenen Frage ein Codeplan entwickelt werden, der die wichtigsten
Dimensionen enthält, die aus den Antworten auf die Frage abgeleitet
werden können. Die Texte werden dann den durchnummerierten
Dimensionen (also dem Codeplan) zugeordnet, dadurch komprimiert
und mit Ziffern versehen und danach wie geschlossene Fragen in den
Datensatz aufgenommen.

Sind alle Daten aufgenommen, müssen sie „bereinigt" werden.
Fehlende Werte müssen als solche gekennzeichnet, unzulässige
Werte („wild codes"; z.b. ein Wert von 8 auf einer Skala mit nur 7
Punkten) ebenso korrigiert werden wie Filterfehler oder formale
Inkonsistenzen (etwa der Vierzehnjährige mit Ehepartner). Dabei
muss man nicht selten in die ausgefüllten Originalfragebogen schau-
en, um die richtigen Werte nachprüfen und anstelle der falschen
einsetzen zu können. Sind Fehler nicht eindeutig korrigierbar (etwa
wenn im Fragebogen das Alter tatsächlich mit „14 Jahre", der Familienstand tatsächlich mit „verheiratet" angegeben ist, empfiehlt es
sich, die entsprechenden Informationen im Datensatz als „fehlende
Werte" („missing value"; Werte, die nicht in die Auswertung mit
eingehen) zu erfassen.

Der bereinigte Datensatz wird dann – sofern Datenerfassung und
Datenauswertung nicht ohnehin mit dem gleichen Programm geleistet
werden – in die Sprache des vorhandenen Auswertungsprogramms
„übersetzt", so dass er darin analysiert werden kann. Jetzt gibt es
Grund, sich auf die ersten Auswertungen zu freuen.

6.1.4   Die Auswertung von Umfragedaten

Die Auswertung von Umfragedaten vermittels EDV-Programmen
dürfte sicherlich derjenige Teil des gesamten Forschungsprozesses
sein, der in den letzten zwanzig Jahren am extensivsten vorangetrie-
ben worden ist. Wir treffen heute auf eine Vielzahl elaborierter Aus-

---

jener Zeit ausgesehen hat, findet eine Beschreibung und sogar die Abbildung einer Lochkarte bei Porst (1985, S. 97).

wertungsprogramme für alle denkbaren Auswertungsverfahren, und
man hat gelegentlich den Eindruck, als ob über die Fortschritte in
diesem Bereich das Nachdenken über inhaltliche Fragen vernachlässigt würde (dieser Wertung mag man zustimmen oder nicht). Wir
wollen uns an dieser Stelle nicht mit Auswertungsprogrammen beschäftigen, sondern mit Auswertungsstrategien; unsere eigenen Analysen wurden mit dem Programm SPSS gerechnet, einem der in den
empirischen Sozialwissenschaften gängigsten Programmpakete.
Auch werden wir uns nicht mit den technischen oder mathematischen
Grundlagen der unterschiedlichen Auswertungsverfahren und –pro-
zeduren (z.B. Kreuztabellen, Korrelationen, Regressionen, Faktoren-
analysen, Clusteranalysen) beschäftigen, sondern ebenfalls nur darauf
hinweisen, dass es eine Fülle von methodischer Literatur gibt, auf die
hier zurückgegriffen werden kann.

Bei der Auswertung von Umfragedaten bieten sich drei Phasen
an; zwar müssen sie nicht alle durchgeführt werden, doch hat eine
entsprechende Vorgehensweise eine gewisse Plausibilität. Wir betrachten zunächst die einfachen Häufigkeitsverteilungen und versuchen, daraus erste Schlüsse zu ziehen. Der zweite Schritt besteht in
der Durchführung, Darstellung und Interpretation bivariater Analysen, der dritte schließlich in der Durchführung, Darstellung und Interpretation eines multivariaten, komplexen Analysemodells.

6.1.4.1 Häufigkeitsverteilungen

Häufigkeitsverteilungen (auch „Randverteilungen" genannt) beschreiben schlicht die (absoluten oder/und relativen) Häufigkeiten,
mit denen sich die Befragten auf die Antwortkategorien einer Frage
verteilen. Die Betrachtung von Häufigkeitsverteilungen scheint zwar
ein recht simpler Vorgang zu sein, sollte aber in jedem Falle am
Beginn einer jeden Analyse stehen. Oft ergibt schon die Betrachtung
der Häufigkeitsverteilungen alleine wichtige Hinweise zur Beschreibung des in Frage stehenden Sachverhaltes, oft kommt Häufigkeitsverteilungen Bedeutung für die Vorbereitung weiterführender Analysen zu.

Hinsichtlich unserer Gastarbeiterfragen erfahren wir aus den Häufigkeitsverteilungen zunächst einmal, wie viele Befragte in welchen Kontaktfeldern Kontakte zu Gastarbeitern haben und wie viele Befragte in welchem Ausmaß den Aussagen zustimmen, die Diskriminierungsbereitschaft messen (sollen).

Persönliche unmittelbare Kontakte zu Gastarbeitern oder zu deren Familien hatten von den Befragten des ALLBUS 1980 ...

	absolut	relativ (in %)
☐ in der eigenen Familie o. näheren Verwandtschaft	157	5,3
☐ am Arbeitsplatz	676	22,9
☐ in der Nachbarschaft	581	19,7
☐ im sonstigen Freundes- und Bekanntenkreis	434	14,7

Da nun unterschiedliche Personen in unterschiedlichen und unterschiedlich vielen Bereichen Kontakte mit Gastarbeitern haben können, haben wir die Kontaktfelder addiert und die Randverteilungen für die Besetzung der Kontaktfelder betrachtet; dieser einfache Index soll „Kontakte zu Gastarbeitern nach Zahl der Kontaktfelder" heißen:

	absolut	relativ (in %)
☐ *kein* Kontakt zu Gastarbeitern	1.710	57,9
☐ Kontakt in *einem* Kontaktfeld	985	33,3
☐ Kontakt in *zwei* Kontaktfeldern	152	5,1
☐ Kontakt in *drei* Kontaktfeldern	82	2,8
☐ Kontakt in *allen vier* Kontaktfeldern	26	0,9
Gesamt	2.955	*100,0*

Unabhängig von allen weiteren Analysen führt bereits die Betrachtung dieser Randverteilungen zu einem wichtigen Ergebnis: Die Einstellungen zu Gastarbeitern sind zu sehen vor dem Hintergrund relativ weniger tatsächlicher Kontakte zu ihnen. Fast 60% aller Befragten haben zumindest in den vorgegebenen Kontaktfeldern keinerlei Kontakt zu Gastarbeitern. Dies führt die Einstellungen zu Gastarbeitern, die wir uns als nächstes (um Platz zu sparen aber nur an einem einzigen Beispiel näher) anschauen wollen, in den Bereich von *Vorurteilen* – ein interessantes Ergebnis alleine auf der Basis von einfachen Häufigkeitsverteilungen.

Wie sieht es mit diesen Einstellungen tatsächlich aus?

Erinnern wir uns daran, dass wir eingangs gefragt hatten, ob die Abneigung gegen Gastarbeiter ein allgemeines Einstellungsmuster in der bundesdeutschen Bevölkerung sei. Wäre dies der Fall, müsste bereits aus den Randverteilungen der Einstellungsitems die negative Bewertung der Gastarbeiter zu erkennen sein, d.h. die Einstellungsitems, welche ja als diskriminierende Einstellungen definiert worden waren, müssten in deutlichem Maße auf Zustimmung in der Stichprobe stoßen.

Dies trifft sicherlich für die Forderung nach Anpassung an den Lebensstil der Deutschen zu, das allerdings im Sinne einer Diskriminierung am unverbindlichsten formulierte Item:

„Gastarbeiter sollten ihren Lebensstil ein bisschen besser an den der Deutschen anpassen."

Skalenwert	Skalenendpunkte	abs.	%
1	stimme überhaupt nicht zu	224	7.6
2		155	5.3
3		235	8.0
4		401	13.6
5		606	20.5
6		444	15.0
7	stimme voll und ganz zu	878	29.7
	verweigert, weiß nicht, keine Angabe	12	0.4
		2.955	*100.1*

Etwa 65% der Befragten stimmen dieser Aussage zu, d.h. wählen eine Kategorie über dem mittleren Skalenwert; allein fast ein Drittel stimmen „voll und ganz" zu.

Rund die Hälfte der Befragten ist der Ansicht, man solle Gastarbeiter wieder in ihre Heimat zurückschicken, wenn *Arbeitsplätze* knapp würden, und man solle Gastarbeitern jegliche *politische Betätigung* in der Bundesrepublik untersagen. Am liberalsten erweisen sich die Befragten bei der Beurteilung des Items aus dem Privatbereich, nämlich zur *Partnerwahl*.

Alleine aufgrund der Häufigkeitsverteilungen lassen sich somit bereits erste Schlüsse ziehen hinsichtlich der Diskriminierungsbereitschaft der Befragten gegenüber Gastarbeitern. Die erste der oben angeführten Fragen lässt sich damit schon jetzt beantworten: Zwar wird man nicht von durchweg negativen Einstellungen zu Gastarbeitern in der deutschen Bevölkerung sprechen können, doch wird immerhin bei etwa der Hälfte der Befragten eine Diskriminierungsbereitschaft deutlich sichtbar.[77]

Damit hat sich die Sinnhaftigkeit alleine der Betrachtung einfacher Häufigkeitsverteilungen bereits erwiesen, und wir können uns bivariaten Verteilungen zuwenden.

6.1.4.2 Bivariate Verteilungen

Bei bivariaten Verteilungen wird nach dem Zusammenhang zwischen zwei Variablen gefragt. Je nach Art der Daten (Skalenniveau) und der Fragestellung (Erklärung, Prognose) stehen dabei eine Reihe von Analyseverfahren zur Verfügung: nominale Zusammenhangsmaße (z.B. Phi, C, Lambda), ordinale Zusammenhangsmaße (z.B. Gamma,

---

[77] Im übrigen erreichte der Reliabilitätskoeffizient Alpha der Einstellungen zu Gastarbeitern über die Gesamtstichprobe einen relativ hohen Wert von 0,77; ein hoher Reliabilitätskoeffizient bedeutet, dass die gemessenen Werte hoch mit den „wahren" Werten korrelieren, anders ausgedrückt: dass nur geringe Messfehler aufgetreten sind. Der für die Gastarbeiter-Items ermittelte Wert sagt aus, dass die Items in hohem Maße konsistent beantwortet wurden.

Spearman's rho) oder Zusammenhangsmaße für intervallskalierte Variablen (Korrelationskoeffizienten, Regressionskoeffizienten).[78]
  Bivariate Analysen haben, genau wie die Betrachtung der einfachen Häufigkeitsverteilungen auch, an sich schon Bedeutung für die Interpretation von Umfragedaten, und sie dienen weiterhin dazu, Zusammenhänge aufzuzeigen, die später in komplexere multivariate Analyseverfahren mit eingehen können.

Erinnern wir uns kurz: Wir wollten uns – nachdem wir die Frage der Verbreitung diskriminierender Einstellungen in der Bevölkerung beantwortet haben – mit dem Zusammenhang zwischen objektivem und subjektivem Status und Einstellungen, mit Erfahrung von Arbeitslosigkeit und Einstellungen sowie mit dem Zusammenhang zwischen Kontakten und Einstellungen beschäftigen. Beispielhaft wenden wir uns dem Zusammenhang zwischen objektivem Status und Einstellungen zu.

„Objektiver Status" ist eine „latente", also nicht direkt messbare Variable. Von daher ist man darauf angewiesen, direkt messbare Variablen oder Indikatoren zu operationalisieren und im Fragebogen abzufragen, die später dann in die latente Variable „objektiver Status" einfließen. Als gängige Variablen zur Bestimmung des objektiven Status einer befragten Person werden hier Schulbildung, Berufsausbildung, Berufsstatus (oder Berufsprestige) und Einkommen verwandt. Für jede einzelne dieser Variablen kann man nun den Zusammenhang mit den Einstellungsitems prüfen. Dies führt zu den in Tabelle 2 dargebotenen Korrelationen (Pearsons r)[79]:

---

[78] Wir wollen hier nicht näher auf die einzelnen Analyseverfahren eingehen, sondern verweisen auf die einschlägige Literatur zur Statistik und zu Methoden der empirischen Sozialforschung.

[79] Pearson's r ist ein Maß zur Bestimmung des Zusammenhangs (der Korrelation) zwischen zwei mindestens ordinalskalierten Variablen A und B. Der Korrelationskoeffizient hat einen Wertebereich von −1 bis +1; +1 bedeutet, dass zwischen den beiden Variablen ein perfekt positiver (linearer) Zusammenhang besteht (der Wert für A steigt an oder sinkt in dem gleichen Maße wie der Wert für B), −1 bedeutet, dass zwischen den beiden Variablen ein perfekt negativer (linearer) Zusammenhang besteht (der Wert für A sinkt in dem gleichen Maße, in dem der Wert für B ansteigt, und umgekehrt). Ein Korrelationskoeffizient von 0 bedeutet, dass

In dieser Tabelle sind zwar einige signifikante Zusammenhänge zu erkennen, doch sind sie nicht allzu stark. Allerdings zeigt sich doch ein (negativer) Zusammenhang zwischen Schul- bzw. Berufsausbildung und den Einstellungsitems. Etwas platt formuliert: Je höher die Schulbildung und je höher die Berufsausbildung, desto geringer ist das verbale Diskriminierungsverhalten. Einkommen und Berufsprestige dagegen stehen in keinem direkten Zusammenhang mit den Einstellungen zu Gastarbeitern.

Tabelle 2: Korrelationen zwischen den Variablen für objektiven Status und den und Gastarbeiter-Items

	Lebensstil	Arbeitsplatz	Politik	Ehepartner
Schulbildung	-.29*	-.28*	-.26*	-.23*
Berufsausbildung	-.14*	-.16*	-.14*	-.14*
Einkommen	-.04	-.09	-.09	-.05
Berufsprestige	-.02	-.06*	-.06	-.04

* bedeutet: signifikant unter .001 oder: die Wahrscheinlichkeit, dass der gemessene Zusammenhang zufällig ist, ist kleiner als .001

Auch für die Variablen „Erfahrung mit Arbeitslosigkeit" und die Kontaktvariablen lassen sich keine messbaren und signifikanten Zusammenhänge zu den Einstellungsitems nachweisen. Einzig Kontakte zu Gastarbeitern im Freundes- und Bekanntenkreis haben einen zwar schwachen, aber immerhin signifikanten negativen Zusammenhang mit verbaler Diskriminierungsbereitschaft. Verwendet man zur Messung der Kontakte statt der einzelnen Variablen den bereits im vorigen Kapitel vorgestellten Index „Kontakte zu Gastarbeitern nach Zahl der Kontaktfelder", stellt man

---

kein Zusammenhang zwischen den Variablen besteht (der Wert für A ändert sich unabhängig von dem Wert für B, und umgekehrt). Ist der gefundene Zusammenhang zwischen den Variablen A und B signifikant unter einem Wahrscheinlichkeitslevel von z.B. p=0.001, so heißt dies: die Wahrscheinlichkeit, dass der gemessene Zusammenhang nicht tatsächlich besteht, sondern nur zufällig ist, ist kleiner als 0.001.

fest, dass mit steigender Zahl der Kontaktfelder die Bereitschaft zur Diskriminierung von Gastarbeitern in allen vier Lebensbereichen sinkt.

Alles in allem führen die bisherigen Analysen nicht zu den erwarteten Zusammenhängen zwischen Status, Erfahrung von Arbeitslosigkeit und Kontakten auf der einen Seite und Diskriminierungsbereitschaft auf der anderen Seite. Möglicherweise liegt dies aber daran, dass erst das Zusammenwirken mehrerer Variablen nachweisbare Auswirkungen auf die Diskriminierungsbereitschaft zeitigt. Wir hätten also multivariate Analyseverfahren zum Einsatz zu bringen.

6.1.4.3 Multivariate Verteilungen

Bei multivariaten Analysen werden mehrere Variablen zugleich in die Berechnung einbezogen; der Komplexität sozialer Tatbestände wird man damit zwar immer noch nicht, aber doch besser gerecht, als dies bei bivariaten Erklärungsversuchen der Fall ist. Der Hauptvorteil multivariater Analyseverfahren gegenüber bivariaten Verfahren ist, dass man den Einfluss von Drittvariablen auf Zusammenhänge ermitteln kann, die sich in der bivariaten Analyse ergeben hatten. Wenn sich bei der bivariaten Analyse ein Zusammenhang zwischen der unabhängigen Variable x und der abhängigen Variable y gezeigt hatte, könnte es durchaus sein, dass dieser Zusammenhang gar nicht direkt entstanden ist, sondern durch den Einfluss einer Drittvariablen z; im Extremfall – man spricht dann von einer Scheinkorrelation – ist der Zusammenhang zwischen x und y sogar vollständig durch z erklärbar.[80] Auch das Gegenteil ist denkbar: in der bivariaten Analyse werden Zusammenhänge *unter*schätzt, weil – diese Zusammenhänge stärkende – Drittvariable nicht mit berücksichtigt worden sind. Multivariate Analysen helfen also in jedem Falle dabei, Fehler der einen

---

[80] Mehrere Beispiele zur Problematik bivariater Analysen finden sich bei Diekmann (1995: 603), u.a.: „Je größer die Schuhe (X), desto höher das Einkommen (Y)". Kein Wunder, denn hier wirkt sich das Geschlecht (Z) aus: „Männer erzielen höhere Einkommen als Frauen und tragen im Durchschnitt größere Schuhe".

(Scheinkorrelation) wie der anderen (Unterschätzung bivariater Zusammenhänge) Art zu vermeiden.

Auch für multivariate Analysen gilt, dass sehr unterschiedliche Analyseverfahren zur Verfügung stehen und dass die Auswahl eines davon genau wie bei den bivariaten Analysen von der Art der Daten und der Fragestellung abhängig ist.

Krauth und Porst (1984) hatten sich – weil sich die erwarteten Zusammenhänge zwischen Status und Einstellungen zu Gastarbeitern in der bivariaten Analyse nicht bestätigt hatten – für ein multivariates Modell entschieden, das sie mit Hilfe des Programms LISREL überprüfen wollten. Wir wollen hier weder das Programm dazu (vgl. z.B. Backhaus u.a. 1994: 322-432) noch die konkrete Vorgehensweise (vgl. dazu Krauth und Porst 1993; Porst 1985) bei der Analyse näher beschreiben, sondern in nur wenigen Sätzen die Grundidee und die Ergebnisse vermitteln.

Das zugrundeliegende Modell hat folgendes Aussehen: Die latente, nicht direkt gemessene Variable „Einstellungen zu Gastarbeitern", gemessen über die nun bereits bekannten Items „Lebensstil", „Arbeitsplatz", „Politik" und „Ehepartner" wird *direkt* beeinflusst von den ebenfalls latenten, nicht messbaren Variablen „Objektiver Status" (gemessen durch Schulbildung, Berufsausbildung, Einkommen und Berufsprestige), „Subjektiver Status" (gemessen durch die subjektive Schichteinstufung, die Oben-Unten-Skala und die Equity-Variable) und „Kontakt" (gemessen durch den Index „Kontakte zu Gastarbeitern nach Zahl der Kontaktfelder"). Daneben wirkt der objektive Status zusätzlich *indirekt* auf die Einstellungen, indem er sich sowohl auf den subjektiven Status als auch auf Kontakte auswirkt. Kontakte selbst werden nur durch den objektiven, nicht den subjektiven Status beeinflusst.

Etwas formaler:

1. Der objektive Status befragter Personen beeinflusst *direkt* deren Einstellungen zu Gastarbeitern.
2. Der subjektive Status befragter Personen beeinflusst *direkt* deren Einstellungen zu Gastarbeitern.
3. Kontakte mit Gastarbeitern beeinflussen *direkt* deren Einstellungen zu Gastarbeitern.

4. Der objektive Status befragter Personen beeinflusst *indirekt* deren Einstellungen zu Gastarbeitern, indem er sich auf ihren subjektiven Status und auf ihre Kontakte auswirkt.

5. Der subjektive Status befragter Personen hat *keinen Einfluss* auf Kontakte zu Gastarbeitern.

Die LISREL-Analyse zur Überprüfung dieser multivariaten Zusammenhänge führt zu folgendem Ergebnis:

Weder der objektive noch der subjektive Status der Befragten haben den erwarteten deutlichen Zusammenhang mit den Einstellungen zu Gastarbeitern, der objektive Status erklärt allerdings mehr als der subjektive. Die Messung von Kontakten hat sich bei der LISREL-Analyse – wie in Kapitel 6.1.2 bereits befürchtet – auf der Ebene der Indikatoren als unzureichend erwiesen, wirkt sich aber als latente Variable am stärksten auf die latente Variable „Einstellungen zu Gastarbeitern" aus.

Für die Gesamtstichprobe gilt also: Weder der objektive noch der subjektive Status der befragten Personen beeinflussen deren Einstellungen zu Gastarbeitern; statt dessen reduzieren Kontakte Diskriminierungsbereitschaft; mit zunehmender Häufigkeit von Kontaktfeldern wird den diskriminierenden Items weniger zugestimmt.

Wer bis hierher aufmerksam gelesen hat, wird festgestellt haben, dass wir bei den multivariaten Analysen die Erfahrung von Arbeitslosigkeit nicht in das Modell eingebaut hatten. Wir wollen uns nun damit beschäftigen.

Auch wenn die bisherigen Analysen nicht das gewünschte inhaltliche Ergebnis gezeigt haben, hatte sich das Modell insgesamt – gemessen an den Koeffizienten zur Prüfung seiner Gültigkeit – doch bewährt, warum es auch in der beschriebenen Form beibehalten worden ist. Krauth und Porst (1984) teilten nun die Stichprobe auf in Personen *mit* und Personen *ohne* Erfahrung von Arbeitslosigkeit und berechneten das gleiche Modell für diese beiden Subgruppen getrennt, hinterfragten also den postulierten Zusammenhang zwischen objektivem und subjektivem Status, Kontakten und Einstellungen unter Berücksichtigung der Erfahrung bzw. Nicht-Erfahrung von Arbeitslosigkeit. Durch die Splittung der Befragten wurde die Dimension der Wettbewerbserfahrung in die Analysen eingebracht. Hat dies Auswirkungen, und wenn ja, welche?

Zunächst einmal fällt – sozusagen als Nebenprodukt – auf, dass bei der Ermittlung des objektiven Status Berufsausbildung und Berufsprestige bei den „Arbeitslosen" eine deutlich stärkere Rolle spielen als bei den Personen ohne Erfahrung mit Arbeitslosigkeit, bei denen das Einkommen größere Bedeutung für den objektiven Status hat. Ein weiterer Unterschied zwischen den beiden Gruppen betrifft den Zusammenhang zwischen Kontakten und Einstellungen: Bei den „Arbeitlosen" wirken sich Kontakte zu Gastarbeitern deutlich schwächer auf ihre Einstellungen aus als bei den „Nicht-Arbeitslosen". Ganz im Sinne der Erwartungen hinsichtlich einer Auswirkung von Wettbewerbserfahrung wird bei „Nicht-Arbeitslosen" mit zunehmender Kontakthäufigkeit (gemessen über die Anzahl der Kontaktfelder) geringere Diskriminierung verbalisiert, während bei „Arbeitslosen" dieser Zusammenhang zwar auch besteht, aber deutlich schwächer ist. „Arbeitslose" reduzieren Diskriminierungsbereitschaft ebenfalls durch Kontakte, aber in mehr als deutlichem Maße weniger als Personen ohne Erfahrung mit Arbeitslosigkeit dies tun. Dies wird als Effekt der Wettbewerbserfahrung der „Arbeitslosen" interpretiert.

Diese Interpretation wird durch ein weiteres Teilergebnis der Modellberechnung gestützt: Schaut man sich nämlich an, wie die vier Einstellungsitems zur Bildung der latenten Variable „Einstellungen zu Gastarbeitern" beitragen, so unterscheiden sich die beiden Gruppen hinsichtlich der Items „Arbeitsplatz" und „Politik" deutlich. Der stärkste Unterschied ergibt sich – erwartungsgemäß – beim Arbeitsplatz-Item: „Arbeitslose" reagieren deutlich zustimmender auf die Aussage, man solle Gastarbeiter wieder in ihre Heimat zurückschicken, wenn Arbeitsplätze knapp würden. Es zeigt sich also, dass im Bereich Arbeit und Beruf, in dem tatsächlicher Wettbewerb mit Gastarbeitern erfahren wird und allgemein eher zu erwarten ist, verbale Diskriminierungen am stärksten auftreten.

Wenn wir das Ergebnis der multivariaten Analysen zusammenfassen, erkennen wir unschwer, dass wir durch diese Vorgehensweise zu Erkenntnissen gekommen sind, die auf der Basis einfacher Häufigkeitsverteilungen und bivariater Analysen nicht hätten erzielt werden können:

> „Negative Einstellungen zu Gastarbeitern auf verbaler Ebene sind offensichtlich kein repräsentatives Einstellungsmuster der bundesdeutschen Gesellschaft, sondern relativ häufiger bei Personen mit niedrigerem objektiven Status zu finden.
>
> Erfahrungen mit Wettbewerb und Erwartungen von Wettbewerb in sozioökonomischen Bereich, vor allem als Konkurrenz um Arbeitsplätze, verstärken offensichtlich die Diskriminierungsbereitschaft, während tatsächliche Kontakte in jedem Falle eine wichtige Rolle bei der Verhinderung bzw. Reduzierung von Diskriminierung spielen" (Krauth und Porst 1984: 62).

Dies ist genau die zu Beginn des Kapitels 6.1 formulierte sozialwissenschaftliche Aussage, deren Zustandekommen wir erklären wollten.

6.1.5   Das Zustandekommen sozialwissenschaftlicher Aussagen – Zusammenfassung

Fassen wir unsere Darstellung des Zustandekommens sozialwissenschaftlicher Aussagen zusammen, wobei wir noch einmal darauf hinweisen und berücksichtigen müssen, dass wir in bestimmten Phasen zwischen Primärforschung und Sekundäranalyse zu unterscheiden haben.

1. Theoretische Vorarbeiten:	☐	Definition des Erkenntnisinteresses
	☐	Bearbeitung der vorhandenen Literatur
	☐	Formulierung der Forschungsfragen
	☐	Formulierung konkreter Hypothesen und Fragestellungen

        ☐   Definition der benötigten Variablen (Primärforschung) bzw. Sichtung vorliegender Fragebogen und Datensätze (Sekundäranalyse)

2. Operationalisierung: ☐   Erstellen eines Befragungsinstruments, Formulierung der Fragen für den Fragebogen (Primärforschung) bzw. Sichtung vorliegender Fragebogen (Sekundäranalyse)

3. Datenerfassung und   ☐   Datenerfassung (nur Primärforschung)
   Datenaufbereitung: ☐   Datenaufbereitung (nur Primärforschung)

4. Datenauswertung: ☐   Häufigkeitsverteilungen

        ☐   Bivariate Analysen

        ☐   Multivariate Analysen

Da Wissenschaft als System absolut undenkbar ist ohne Kommunikation und Diskussion von Ergebnissen, muss der letzte Schritt schließlich in der – wie immer auch gearteten – Publikation der Forschungsarbeit bestehen.

6.2   Arten sozialwissenschaftlicher Aussagen – Der ALLBUS als Wissensquelle

Nachdem wir nun eine Vorstellung davon haben, wie die sekundäranalytische Auswertung von Umfragedaten zu sozialwissenschaftlichen Aussagen führen kann, wollen wir uns im folgenden mit der Frage beschäftigen, welche Arten von sozialwissenschaftlichen Aussagen auf der Basis von Umfragedaten (seien es Primär- oder Sekundärdaten) überhaupt möglich sind. Wir wollen dies tun im Rahmen der programmatischen Arbeitsfelder des ALLBUS, nämlich der Querschnittsanalyse, der Analyse des sozialen Wandels (Längsschnittanalyse), der international vergleichenden Sozialforschung sowie der Methodenforschung; innerhalb dieser Arbeitsfelder werden

Möglichkeiten aufgezeigt, durch Umfrageergebnisse Wissensfort-
schritt zu erzielen. Wir wollen dies jeweils in allgemeiner Form diskutieren und dann an Publikationen illustrieren, die sich auf ALL-
BUS-Daten stützen.[81]

6.2.1   Der ALLBUS als Instrument der Querschnittsanalyse

Mit jeder singulären ALLBUS-Umfrage allein soll bereits die Möglichkeit geschaffen werden, soziale Tatbestände zu beschreiben und
zu erklären; von daher war eine der Forderungen, die mit der Auf-
nahme von Fragen in das ALLBUS-Fragenprogramm verbunden
waren (vgl. Kap. 5.1.1), diejenige gewesen, dass solche Fragen mit
anderen Variablen oder Variablenkomplexen der gleichen ALLBUS-
Umfrage in einem inhaltlichen Zusammenhang zu stehen hätten.

Die Auswertung von Daten aus ein und derselben Umfrage, die
wir im folgenden als Querschnittsanalyse bezeichnen wollen, ist die
„typische" Vorgehensweise sozialwissenschaftlicher Analyse. Man
verwendet den Datensatz einer Umfrage, um unter Einsatz geeigneter
Auswertungsstrategien und –techniken soziale Tatbestände zu einem
einmaligen Zeitpunkt, nämlich demjenigen der Datenerhebung, zu
beschreiben und zu erklären. Analysen dieser Art können wir ganz
allgemein unterteilen in Einstellungs- und Sozialstrukturanalysen.

6.2.1.1   Einstellungsanalysen

Einstellungsanalysen, wohl die häufigste Art der Auswertung von
Umfragedaten, beziehen sich auf *nicht direkt* messbare Sachverhalte
wie Einstellungen, Wertorientierungen, Überzeugungssysteme und
ähnliches, die beschrieben und/oder durch andere Einstellungen,
durch „objektive" – wie z.B. demographische Merkmale (etwa Alter,

---

[81]   Eine vollständige Übersicht der uns bekannten Arbeiten mit ALLBUS-
Daten enthält die sogenannte ALLBUS-Bibliographie, die bei der Abteilung ALLBUS bei ZUMA angefordert oder über das Internet
(http://www.zuma-mannheim.de/data/allbus/biblio.htm) zu beziehen ist

Geschlecht, Schulbildung) – oder sonstige andere Variablen erklärt werden sollen. Zu welchen Ergebnissen dies unter Verwendung von ALLBUS-Daten führen kann, wollen wir für einige (beileibe nicht alle) inhaltliche Bereiche darstellen; um die Fülle des Materials zu begrenzen, betrachten wir (hier wie auch zur Illustration der anderen Arbeitsfelder) nur Forschungsergebnisse, die aus ALLBUS-Umfragen aus den Neunziger Jahren resultieren.

Ehe, Familie und Partnerschaft

Braun (1992) untersucht anhand der Daten der ALLBUS Baseline-Studie 1991 Ost-West-Unterschiede hinsichtlich von *Einstellungen zur Rolle der Frau* und findet nur wenig Unterschiedliches: Die Befragten im Osten sind etwa weit stärker als diejenigen im Westen der Ansicht, dass die Berufstätigkeit der Mutter weder der Familie insgesamt noch den Kindern im speziellen schade; auch die Meinung, dass Ehemann und Ehefrau gemeinsam zum Haushaltseinkommen beitragen sollten, findet sich stärker im Osten als im Westen verbreitet. Bei den eher ideologischen Fragen zur Geschlechtsrolle (z.B. „Für eine Frau ist es wichtiger, ihrem Mann bei seiner Karriere zu helfen, als selbst Karriere zu machen.") kommt es hingegen nur zu sehr geringen oder gar keinen Abweichungen zwischen Ost und West. Braun und Bandilla (1992) bestätigen diese Resultate und stellen – ebenfalls an Daten der Baseline-Studie 1991 – darüber hinaus fest, dass die *Familie* in Ostdeutschland einen höheren Stellenwert hat als in Westdeutschland, die *Ehe* dagegen im Osten geringer bewertet wird als im Westen.

Koch (1994) befasst sich mit Einstellungen der Bundesbürger zur *Legalisierung des Schwangerschaftsabbruchs* im Vergleich zwischen Ost- und Westdeutschland anhand von Daten des ALLBUS 1992; dabei ergeben sich im Osten deutlich liberalere Einstellungen als im Westen. Es zeigt sich, dass Einstellungen zur Legalisierung des Schwangerschaftsabbruches in beiden Landesteilen nur geringfügig mit sozialstrukturellen Merkmalen (Alter, Bildung, Geschlecht) variieren, dass sie aber im Osten wie im Westen deutlich von der Konfessionszugehörigkeit und der Kirchgangshäufigkeit geprägt werden.

Mit der Frage, ob und inwieweit unterschiedliche *Sozialisations-bedingungen* in Ost- und Westdeutschland zu differierenden Werte-haltungen geführt haben, beschäftigen sich Schnabel, Baumert und Röder (1994). Datengrundlage ist zum einen eine Befragung von 84 Schulklassen aus den alten und neuen Bundesländern im Jahr 1992, zum anderen die ALLBUS Baseline-Studie 1991. Es zeigt sich, dass hinsichtlich allgemeiner Wertorientierungen zwischen Ost- und Westdeutschland deutliche Unterschiede bestehen. Die Ergebnisse belegen aber eine Ost-West-Angleichung bei Jugendlichen und jun-gen Erwachsenen insbesondere im Hinblick auf berufsbezogene Werthaltungen. Der aktuellen Lebenssituation Jugendlicher kommt in der Erklärung ihrer Wertorientierung weniger Bedeutung zu als der sozialen Herkunft und dem schulischen Werdegang.

Die zuletzt genannte Studie ist im übrigen ein Beispiel dafür, dass ALLBUS-Daten sehr häufig nicht als ausschließliche Datenquelle für Analysen hinzugezogen werden, sondern als *Vergleichs- oder Refe-renzdaten* für andere, oft auch eigene Erhebungen.

Politik

So verwenden auch Roller u.a. (1992a) ALLBUS-Daten (1988, 1990) gemeinsam mit anderen Umfrageergebnissen, um nach grund-legenden *politischen Einstellungen* und Verhaltensweisen in West- und Ostdeutschland kurz nach der Wende zu fragen. Sie stellen u.a. fest, dass das Vertrauen in die eigenen politischen Fähigkeiten (per-sönliche politische Kompetenzerwartung) in beiden Teilen Deutsch-lands gleich stark ausgeprägt ist, während autoritäre Orientierungen (Autoritarismus) vor allem in den neuen Bundesländern stärker ver-breitet sind. Hinsichtlich gesellschaftlicher Wertorientierungen und ideologischer Orientierungen zeigt sich, dass die Ostdeutschen deut-lich materialistischer und etwas stärker „links" orientiert sind. In beiden Teilen Deutschlands besteht bei einem hohen Maß an politi-schem Interesse die Bereitschaft zu demokratischen Formen politi-scher Beteiligung bei gleichzeitiger Ablehnung illegaler Beteili-gungsformen. An anderer Stelle zeigen Roller u.a. (1992b) weiterhin auf, dass in beiden Teilen Deutschlands dem Staat die dominierende

Rolle bei der Lösung sozialer und ökonomischer Probleme zugewiesen wird, im Osten noch stärker als im Westen. Die Zufriedenheit mit der Demokratie in Deutschland ist mit 82% in Westdeutschland um 20 Prozentpunkte höher als im Osten.

Die Situation nach der Wende hat sich für Sozialwissenschaftler als außerordentlich interessantes und fruchtbares Forschungsfeld erwiesen; mit der ALLBUS-Baseline-Studie lag genau zum richtigen Zeitpunkt ein Datensatz vor; der eine Fülle von sekundäranalytischen Möglichkeiten bot. So ging Bandilla (1994) der Frage nach, wie es nach 40jähriger Trennungszeit trotz staatlich vollzogener Vereinigung um die innere Einheit bestellt sei. Seine Analysen zeigen deutliche Einstellungsunterschiede zwischen Ost- und Westdeutschland auf. Für Ostdeutschland kann eine tiefe *Enttäuschung über die realen Folgen der Wiedervereinigung* festgestellt werden, für Westdeutschland zeigt sich die verbreitete Ansicht, die Folgen der Wiedervereinigung beträfen nur die Bevölkerung im Osten, ohne auf den Westen zurückzuwirken.

Gensicke (1993) geht der Frage nach, ob in den neuen Bundesländern nach der Wende im Jahre 1989 bei größeren Teilen der Bevölkerung noch eine *„DDR-Identität"* vorhanden sei. Der Autor verwendet ebenfalls die ALLBUS Baseline-Studie 1991 und kommt zu einem erstaunlichen Schluss: Wer sich heute (1991) dezidiert zur DDR bekennt, ist, mit oder ohne sich dessen bewusst zu sein, Teil eines postmateriell geprägten, gesamtdeutschen linken Reformlagers. Insofern scheint DDR-Identität als gefühlsmäßige und bewusst bekundete Einstellung gesellschaftlich eher nach vorn als nach hinten zu weisen.

Trometer und Mohler (1994) untersuchen anhand von ALLBUS-Daten aus den Jahren 1991 und 1992 für Ost- und Westdeutschland die *Zufriedenheit mit den Leistungen der Bundesregierung* und mit dem *politischen System* sowie die affektiven Bindungen an die politische Ordnung im Sinne von *Nationalstolz*. Sie stellen fest, dass in Ost- und in Westdeutschland sowohl die spezifische Unterstützung der amtierenden Herrschaftsträger rückläufig ist als auch die politische Ordnung kritischer beurteilt wird. Gleichzeitig ist bei den Bürgern im Osten eine deutlich größere Unzufriedenheit festzustellen als bei jenen im Westen. Im Osten zeigen sich relativ starke und zunehmende Zusammenhänge zwischen den Beurteilungen der politischen

Ordnung und der Herrschaftsträger, die im Sinne der Funktionsfähigkeit einer Demokratie idealerweise unabhängig voneinander zu sein hätten. Die Autoren interpretieren den Befund dahingehend, dass die Unterstützung des politischen Systems im Osten relativ stark abhängig ist von den politischen und ökonomischen Leistungen der Herrschaftsträger und dass insofern im Osten – im Gegensatz zum Westen – Krisensymptome in bezug auf die demokratische Ordnung erkennbar seien.

Koch (1991) vergleicht die Einstellungen der „neuen" und „alten" Bundesbürger in Bezug auf das *Demokratieverständnis* und die *Erwartungen an den Staat*. Er benutzt dabei neben den Daten des ALLBUS 1988 und 1990 auch Informationen aus der ISSP-Plus-Studie, die im Dezember 1990 als Ergänzung zum ISSP 1990 in den neuen Bundesländern durchgeführt worden ist. Die Ähnlichkeiten zwischen den Bürgern beider Teile Deutschlands überwiegen bei den Einstellungen zur Demokratie und der politischen Beteiligung, größere Unterschiede treten aber bei der gewünschten Rolle des Staates zutage: Im Osten werden Staatseingriffe in das Wirtschaftsgeschehen und ein umfassender Sozialstaat stärker gefordert als im Westen.

Trometer (1992) untersucht anhand von Daten der ALLBUS-Baseline-Studie 1991, inwieweit in den neuen Bundesländern die *Bereitschaft* vorhanden ist, *in den westlichen Teil Deutschlands* überzusiedeln und in welchen Bevölkerungsgruppen sie besonders ausgeprägt ist. Gleichzeitig wird auch betrachtet, inwieweit in den alten Bundesländern die Bereitschaft zu regionaler Mobilität besteht. „Zusammenfassend lässt sich festhalten, dass sich insbesondere Jüngere und besser Ausgebildete vorstellen können, den Wohnort in westlicher oder östlicher Richtung zu verändern. Bei diesen Vorstellungen handelt es sich jedoch nicht um konkrete Absichten, sondern vielmehr um eine latente Bereitschaft. Dass diese Bereitschaft sich bei den Westbürgern in größerem Umfang in konkrete Absichten verwandeln wird, ist aufgrund der gegebenen Arbeitsmöglichkeiten im Osten kaum zu erwarten. Es kann jedoch davon ausgegangen werden, dass bei länger anhaltender wirtschaftlicher Misere in den neuen Bundesländern zumindest ein Teil derjenigen, die schon heute ein Verlassen ihrer heimatlichen Region nicht ausschließen, versuchen wird, in Westdeutschland Arbeit und Wohnung zu finden" (Trometer 1992: 628).

Roßteutscher (1991) beschäftigt sich in ihrer Magisterarbeit mit der Frage, inwieweit die spezifischen *Sozialisationsbedingungen* politischer Generationen einen Einfluss auf ihr späteres Beteiligungsverhalten im politischen Prozess besitzen. Dabei zeigt sich, dass die während der politischen Sozialisation „erlernten" bzw. dominanten Partizipationsformen in der Regel das Beteiligungsverhalten im Erwachsenenalter bestimmen. Diese Prädispositionen bleiben den politischen Generationen auch im Verlauf ihres Lebenszyklus erhalten. Grundlage der Untersuchung sind neben anderen Studien, die älteste stammt aus dem Jahr 1974, der ALLBUS 1988 und 1990.

Die Arbeit von Roßteutscher ist ein Beispiel dafür, dass ALLBUS-Daten gerade jüngeren Sozialforschern dabei helfen können, mit Umfragedaten Forschung betreiben zu können, ohne eigene – zeitaufwendige und kostspielige – Umfragen durchführen zu müssen. In *Diplom- und Magisterarbeiten* sowie *Dissertationen* wird sehr häufig auf ALLBUS-Daten zurückgegriffen.

Mit einem eher ungewöhnlichen Thema befassen sich Häußermann und Küchler (1993), die nach dem Zusammenhang zwischen *„Wohnen und Wählen"* fragen. Ausgehend von der kontroversen britischen Diskussion über den Einfluss von Wohneigentum auf die Wahlentscheidung und eine damit möglicherweise verbundene Redefinition primärer politischer Konfliktlinien, wird diese Fragestellung für die (alte) Bundesrepublik Deutschland untersucht. Anknüpfend an die historische Wohnfrage werden wohnungspolitische Positionen und die Entwicklung von Wohneigentum im Nachkriegsdeutschland skizziert sowie die sozioökonomische und persönliche Bedeutung von Wohneigentum regionalspezifisch diskutiert. Eine empirische Analyse auf Grundlage des kumulierten ALLBUS-Datensatzes (1980-1990) belegt einen von den etablierten Erklärungsfaktoren (Schicht, religiöse Bindung, Alter) unabhängigen, jedoch nach Region variierenden statistischen Zusammenhang von Wohnform und Wahlentscheidung.

Ein Wort zum „*kumulierten*" ALLBUS-Datensatz: Dieser Datensatz enthält die Daten aller ALLBUS-Umfragen (zur Zeit bis 1996) und ermöglicht dadurch nicht nur Zeitreihenvergleiche, sondern durch die Zusammenfassung von Variablen über mehrere Umfragen auch die Erstellung von Analysen auf der Basis großer Fallzahlen. Er

umfasst derzeit 31.722 Befragte und 804 Variablen; näheres dazu
unter http://www.za.uni-koeln.de/data/allbus/all80-96.htm.

Arbeit und Beruf

Anhand von Daten der ALLBUS-Baseline-Umfrage 1991 stellen
Borg, Braun und Häder (1993) fest, dass ostdeutsche Befragte materiellen und sozialen *Arbeitswerten* höhere Bedeutung zumessen als
Westdeutsche. Dennoch ermitteln sie in Ost und West eine ähnliche
Struktur für Arbeitswerte und kommen zu dem Schluss, dass sich
verbreitete Vorstellungen über fundamentale Unterschiede bei Arbeitswerten in Ost- und Westdeutschland als strukturell falsch erweisen. Diese Ergebnisse werden von Braun (1992) bestätigt, der anhand
der Daten der ALLBUS Baseline-Studie 1991 Ost-West-Unterschiede bei der Wichtigkeit von Lebensbereichen untersucht und zu
dem Ergebnis kommt, dass alle Berufswerte – mit Ausnahme der
Freizeit – in den neuen Bundesländern stärker betont werden als in
den alten. Der Autor erklärt die höhere Bedeutung sowohl der Familie als auch des Berufes durch die Arbeitsplatzunsicherheit im Osten
und nicht etwa als Folge traditionellerer Familienvorstellungen oder
eines stärkeren Strebens nach Selbstverwirklichung durch den Beruf.
    Auch Jaufmann, Pfaff und Kistler (1995) untersuchen anhand von
Ergebnissen aus verschiedenen Umfragen, wie der Stellenwert der
Erwerbsarbeit von der Bevölkerung in den alten und neuen Bundesländern gesehen wird und wie die Einstellungen dazu sind. Sie stellen
fest, dass die Bevölkerung in beiden Landesteilen der Erwerbsarbeit
einen hohen Stellenwert zumisst, wobei die Wertschätzung in Ostdeutschland noch über der in Westdeutschland liegt. Gleichzeitig
finden sie Belege für eine stärkere Arbeitsorientierung der ostdeutschen Bevölkerung im Vergleich zur westdeutschen. Im Hinblick auf
die Zufriedenheiten in verschiedenen Lebensbereichen zeigen sich in
den meisten Bereichen im Osten niedrigere Zufriedenheiten. Die
Autoren ziehen für die Frage der Wichtigkeit von Lebensbereichen
ALLBUS- Befragungen von 1991 und 1992 heran.
    Mit der *Motivation zur Selbständigkeit* in Ost und West befassen
sich Ziegler und Hinz (1992), ebenfalls auf der Grundlage der ALL-

BUS-Baseline-Studie von 1991. Als potentiell Selbständige ermitteln
sie in Ost- und Westdeutschland überwiegend junge Männer mit eher
guter Schulbildung. In Ostdeutschland sind das Interesse und vor
allem die Entschlossenheit von Frauen zur Selbständigkeit größer als
im Westen – sicherlich eine Folge der dort höheren Erwerbsbeteiligung von Frauen. Generell erwartet in Ostdeutschland ein größerer
Anteil der interessierten Personen als im Westen, den Schritt in die
Selbständigkeit auch tatsächlich zu tun.

Soziale Schichtung und soziale Ungleichheit

In dem von Geißler (1994) herausgegebenen Band über „*Soziale
Schichtung und Lebenschancen in Deutschland*" stellen verschiede-
ne Autoren dar, wie die *Lebenschancen* in unterschiedlichen Lebensbereichen mit der Zugehörigkeit zur sozialen Schicht variieren. Unter
Lebenschancen verstehen sie die Chancen auf die Verwirklichung
von allgemein erstrebenswerten Lebenszielen. Untersucht werden die
Chancen auf einen sicheren und vorteilhaften Arbeitsplatz, auf die
Teilnahme an Herrschaft, auf eine gute Ausbildung, auf die Freiheit
von Strafverfolgung, auf Gesundheit und auf Wohlbefinden im Alter.
Für die Untersuchung zu den Chancen der Teilnahme an Herrschaft
(politische Ungleichheit) werden unter anderem die ALLBUS-
Befragungen von 1988 und 1992 herangezogen. Mit ihnen kann
belegt werden, dass die Beteiligung an konventioneller politischer
Partizipation, die über den Akt des Wählengehens hinausgeht, und
ebenso die Beteiligung an unkonventioneller politischer Partizipation
schichtspezifisch variiert und vor allem bei höher Gebildeten ver-
mehrt auftritt.
    Auf der Grundlage der ALLBUS-Befragungen von 1984, 1988
und 1991 und einer älteren Studie untersucht Noll (1992) Unterschiede in der *Legitimität sozialer Ungleichheit* in Ost- und Westdeutschland. Er kommt zu dem Schluss, dass West- und Ostdeutsche
sich nicht nur in ihren objektiven Lebensbedingungen, sondern auch
in der Perzeption und Bewertung der sozialen Ungleichheit deutlich
unterscheiden. Am wenigsten gilt dies noch im Hinblick auf die Beurteilung der Bedingungen des wirtschaftlichen und gesellschaftli-

chen Erfolgs. Nicht nur im Westen, sondern auch im Osten glaubt eine große Mehrheit der Bevölkerung an das Leistungsprinzip und ist davon überzeugt, dass es vor allem individuelle Leistung und Können sind, die den Zugang zu den hohen Positionen und das Vorwärtskommen in der Gesellschaft bedingen. Drastische Ost-West-Unterschiede finden sich dagegen in der Beurteilung der Verteilungsgerechtigkeit.

Noll und Schuster (1992a) stellen anhand der Daten der ALLBUS-Baseline-Studie 1991 die Frage, welche Strukturen der sozialen Schichtung sich in Ost- und Westdeutschland auf der Basis der Verteilung der Bevölkerung auf soziale Lagen und der subjektiven Schichtidentifikation ergeben, ob und inwieweit die gegenwärtige *Verteilung der Ressourcen* als gerecht beurteilt wird, und wie sich die Einstellungen gegenüber der sozialen Ungleichheit und deren *Legitimation* in beiden Teilen Deutschlands unterscheiden. Das Autoren kommen zu dem Resümee, dass sich West- und Ostdeutsche auch in ihrer Wahrnehmung, Legitimation und Akzeptanz der sozialen Ungleichheit unterscheiden. Das Bewusstsein der neuen Bundesbürger, in der gesellschaftlichen Hierarchie in ihrer Gesamtheit weit unten, d.h. vor allem unterhalb der westdeutschen Bevölkerung zu stehen, die kollektive Überzeugung der Unterprivilegierung sowie die generelle Wahrnehmung einer ungerechten Verteilung des Reichtums deuten, so die Autoren, ein Konfliktpotential an, das den Prozess der Integration und Verwirklichung der ‚inneren Einheit' nachhaltig belasten könne.

Terwey (1995a) geht anhand von ALLBUS-Daten aus dem Jahr 1994 der Frage nach, inwieweit die *Akzeptanz sozialer Ungleichheit* in den neuen und alten Bundesländern mit allgemeinen *Weltanschauungen* und *Kirchlichkeit* sowie *soziodemographischen Merkmalen* variiert. Sowohl in Ost- wie in West-Deutschland äußern jüngere Personen, Frauen, Personen mit niedrigem Einkommen sowie Personen mit eher linker Selbsteinstufung eine kritischere Haltung zur sozialen Ungleichheit. Hingegen wirken sich Postmaterialismus und Sympathie für die Grünen nur im Westen, nicht aber im Osten negativ auf die Akzeptanz von Ungleichheit aus. Keine Ost-West-Differenzen können in bezug auf den Einfluss von Kirchlichkeit festgestellt werden: Personen mit Vertrauen in die Amtskirche (Ka-

tholiken wie Protestanten) und häufige Kirchgänger sind in beiden
Landesteilen eher geneigt, soziale Ungleichheit zu akzeptieren.

Religion

Auf der Grundlage der ALLBUS-Baseline-Studie von 1991 und des
ISSP 1991 untersucht Koch (1992a) Unterschiede zwischen Ost- und
Westdeutschen im Bereich *Religion*. Insgesamt belegen seine Analysen eine Abschwächung kirchlich-religiöser Bindungen in der jungen
Generation in beiden Teilen Deutschlands, wobei die Distanz zu
Religion und Kirche jedoch bei denjenigen, die in der ehemaligen
DDR geboren und aufgewachsen sind, besonders ausgeprägt ist. Die
staatliche Politik der Verdrängung der Religion aus dem gesell-
schaftlichen Leben hat hier den allgemeinen Säkularisierungsprozeß,
der in vielen modernen Industriegesellschaften zu beobachten ist, so
verstärkt, dass von einem regelrechten Bruch in der Tradierung des
Glaubens gesprochen werden kann.

In einer weiteren Arbeit stellt Koch (1992b) Ergebnisse der
ALLBUS-Baseline-Studie 1991 zur kirchengebundenen und indivi-
duellen *Religiosität* in Ost- und Westdeutschland vor. Er kommt zu
dem Resümee, dass die überwiegende Mehrheit im Westen einer der
beiden christlichen Konfessionen angehöre. Eine enge Bindung an
die Kirche und eine tiefe Frömmigkeit sei jedoch nur für eine Min-
derheit charakteristisch, wobei Frauen und insbesondere Ältere unter
den religiös Aktiven überproportional häufig vertreten seien. Die
Mehrheit der Bevölkerung zähle zu den religiös eher Indifferenten,
die ab und zu in die Kirche gingen, gelegentlich beteten und in einer
vagen Form an Gott glaubten – ohne dass dies jedoch existentielle
Bedeutung für sie hätte. Im Osten sei nur jeder dritte Erwachsene
Mitglied einer Religionsgemeinschaft. Entsprechend sei auch der
Anteil der kirchlich und religiös Aktiven niedriger als im Westen.
Die Mehrzahl der Ostdeutschen besuche nie einen Gottesdienst, bete
nie und glaube nicht an Gott. Besonders ausgeprägt sei diese Distanz
zu Religion und Kirche bei der jüngeren Generation, die in der DDR
geboren und aufgewachsen ist.

In der Arbeit von Klek (1993) über „Religiosität und sozialer
Status" wird der *Zusammenhang zwischen religiösem Glauben,*

kirchlichem Verhalten und sozialem Status analysiert. Die Autorin stellt hierzu Hypothesen von Mueller und Johnson zum Einfluss von sozialem Status auf Kirchgangshäufigkeit verschiedenen Hypothesen der „Theory of Religion" von Stark und Bainbridge gegenüber. Zur empirischen Untersuchung werden Daten einer lokal begrenzten Studie sowie die Daten der ALLBUS-Erhebungen von 1982 und 1992 verwendet. Die gefundenen Ergebnisse zeigen, dass Religiosität allgemein abnimmt, und zwar unabhängig vom sozialen Status. Die Kirche und der religiöse Glaube scheinen in Deutschland weder als Quelle der Sicherheit und des Trostes gefragt zu sein noch als Möglichkeit, seine soziale Anerkennung zu erhöhen oder sein persönliches Netzwerk zu erweitern.

Reimers (1993) beschäftigt sich in ihrer Diplomarbeit mit *Religiosität von Frauen und Männern* in der Bundesrepublik Deutschland und geht der Frage nach, ob Frauen wirklich religiöser und kirchenverbundener sind als Männer und worin die Begründung einer solch stärkeren religiösen und kirchlichen Orientierung liegen könnte bzw. welche Faktoren möglicherweise dazu führen können, dass sich der Zusammenhang zwischen Geschlechtszugehörigkeit und Religiosität respektive Kirchenbindung auflöst oder zumindest abschwächt. Empirische Basis ihrer Untersuchung sind die ALLBUS Baseline-Studie 1991 und der ISSP 1991. Als ein allgemeines Ergebnis der Analysen hält die Autorin fest, dass der Glaube an Gott in Westdeutschland noch weit verbreitet ist, dass dieser Glaube in beiden Teilen Deutschlands jedoch einen eher diffusen Charakter angenommen hat. Für Frauen findet die Autorin sowohl eine größere Religiosität wie auch eine stärkere Kirchenbindung als für Männer. Wichtige Merkmale, die das Ausmaß der Geschlechterdifferenz beeinflussen, sind Bildung, Alter und Ortsgrößenklasse.

Soziale Probleme

Kury und Obergfell-Fuchs (1995) berichten Ergebnisse dreier umfangreicher Studien zur *Kriminalität junger Menschen* in Ost- und Westdeutschland anhand von Längsschnittdaten der Polizeilichen Kriminalstatistik (PKS); ergänzend werden Daten des ALLBUS

1992 für Westdeutschland herangezogen. Im Mittelpunkt der Forschungen stehen die psychischen Auswirkungen von Kriminalität, vor allem die Verbrechensfurcht, sowie die Einstellungen zur psychosozialen Lage der Betroffenen vor dem Hintergrund der gesellschaftlichen Umbrüche, um Erklärungsmuster für einen Kriminalitätsanstieg in Krisenzeiten zu erhalten. Insgesamt ist keine dramatische Kriminalitätszunahme bei schweren Straftaten festzustellen, wohl aber eine steigende Tendenz bei Eigentumsdelikten, insbesondere beim (Laden-)Diebstahl. In Ostdeutschland ist zwar ein erheblicher Anstieg der Kriminalität zu verzeichnen, jedoch ist das Ausmaß immer noch deutlich geringer als im Westen. In der Vergleichsstudie Freiburg/Jena wurde eine zunehmende psychische Belastung durch Kriminalität erkennbar, was sich am veränderten Ausgehverhalten der Bevölkerung im eigenen Wohnviertel bzw. weiter entfernten Stadtteilen zeigte. Eine ausgeprägte Kriminalitätsfurcht stehe jedoch in einem engen Zusammenhang zu ihrer Verbreitung und ‚Mitinszenierung‘ in den Massenmedien.

Reuband (1992b) beschäftigt sich mit dem *Streben nach Sicherheit* und der Anfälligkeit der Bundesbürger für „Law and Order”-Kampagnen. Er zeigt auf, dass sich die Bürger in Ostdeutschland trotz geringerer Kriminalitätsbelastung im Vergleich zu den Bürgern in Westdeutschland durch eine größere Beunruhigung wegen befürchteter Kriminalität auszeichnen. Offenbar wird das Erleben von Kriminalität durch Adaptionsprozesse mitgeprägt und vermag die objektive Bedrohung subjektiv abzumildern. Wo Kriminalität zu stark ansteigt, können die Prozesse der Adaption fehlschlagen und es kann zu einer vermehrten Beunruhigung durch Kriminalität kommen. Das Ausmaß der Viktimisierung untersucht Reuband (1992b) mit Daten des ALLBUS 1990.

Hoffmeyer-Zlotnik (1991) fragt nach den Einstellungen der Bundesdeutschen zu den „*Fremden*”. Als Datenquelle dienen ihm einerseits eine für die Bundesrepublik repräsentative Umfrage vom Juni 1990, mit der Einstellungen zu Übersiedlern aus der DDR erhoben worden sind, zum andern der ALLBUS 1990 mit seinen Gastarbeiter-Items. Sein Fazit: Trotz größerwerdender Akzeptanz der „Fremden” ist ein relativ großes Potential an Diskriminierung zu erkennen, das sich vor allem an der Sichtbarkeit der Minderheiten festmacht. Hierbei kommt, wie die Untersuchung zur Diskriminierung von DDR-

Übersiedlern gezeigt hat, der Entfernung der inner-ethnischen Distanz zwischen Majorität und Minorität nicht die zentrale Rolle zu; für die Einstellung gravierender scheinen diffuse Überfremdungsängste zu sein.

Mit dem gleichen Thema beschäftigt sich auch Wiegand (1991), der aufzeigen kann, dass zwischen Deutschen und Gastarbeitern zwar stärkere Interessenskonflikte wahrgenommen werden als zwischen Bundesbürgern auf der einen und Übersiedlern bzw. Aussiedlern auf der anderen Seite, dass die Gastarbeiter aber für die Bundesrepublik eher von Vorteil gesehen werden als die beiden anderen Gruppen. Deutliche Unterschiede machen die Befragten auch beim Zuzug verschiedener Personengruppen in die Bundesrepublik: Der Anteil derer, die den Zuzug einschränken wollen, nimmt von den Arbeitnehmern aus EG-Staaten über die Übersiedler, Aussiedler und Asylsuchenden bis zu den Arbeitnehmern aus Nicht-EG-Staaten stetig zu.

6.2.1.2   Sozialstrukturanalyse mit Umfragedaten

Sozialstrukturanalyse kann (vgl. Schäfers 1990: 2ff) beschrieben werden als „eine Form der Untersuchung gesamtgesellschaftlich relevanter Strukturen und Entwicklungsrichtungen" auf drei Analyseebenen: sozialstatistische Aspekte der Sozialstruktur (z.B. Altersverteilung, Bildungsstruktur oder Erwerbsstruktur), die Analyse einzelner Bereiche der Sozialstruktur (Subsysteme, Gruppenstrukturen, Bevölkerungsgruppen) und die Typisierung einer Gesellschaft (Bestimmung ihrer Staats-, Gesellschafts- und Wirtschaftsordnung, ihrer Klassen- und Schichtstruktur und deren Einordnung in Idealtypen der Gesellschaftsstruktur).

Sozialstrukturanalysen sind zunächst im wesentlichen eine Domäne der amtlichen Statistik gewesen. Pappi (1979: 10) spricht Ende der 70er Jahre zu Recht noch von einem grundsätzlichen Missverhältnis zwischen Umfrageforschung und amtlicher Statistik als Datenquellen für Sozialstrukturanalysen und stellt fest, „dass der Beitrag der Umfrageforschung zur Sozialstrukturanalyse nach wie vor bescheiden geblieben ist".

Ungeachtet der von Pappi konstatierten Defizite gibt es zumindest in der deutschen empirischen Soziologie dennoch eine gewisse

Tradition der Symbiose von Daten aus sozialwissenschaftlichen Umfragen und Daten der amtlichen Statistik. Die Beschreibung sozialer Sachverhalte und sozialer Strukturen mit Daten aus beiden Quellen hat früh zu Publikationen geführt, die heute noch als Standardwerke der Sozialstrukturanalyse gelten können, sei es im Bereich der Sozialstruktur insgesamt (Claessens u.a. 1973; Fürstenberg 1978), sei es in Bezug auf Teile dieser Struktur wie Soziale Schichtung oder Soziale Ungleichheit (Bolte u.a. 1974; Wiehn 1975), sozialer Wandel (Schäfers 1981) oder soziale Mobilität (Mayer 1975).

In den letzten Jahren hat diese Entwicklung in Deutschland noch zugenommen. Eine Reihe beachtlicher Unterfangen verbindet die sekundäranalytische Auswertung von Daten der amtlichen Statistik mit Daten aus sozialwissenschaftlichen Befragungen, um zu einer abgerundeten Beschreibung der Situation in Deutschland zu gelangen. Besonders erwähnenswert ist hier der „Datenreport", der seit 1983 im Jahre 1997 zum siebenten Male erschienen ist. In dieser umfangreichen Situationsanalyse für Deutschland, herausgegeben vom Statistischen Bundesamt, werden alle relevanten Aspekte der Struktur und Entwicklung Deutschlands unter Zuhilfenahme amtlicher Daten und von Daten aus unterschiedlichen Umfragen (neben dem ALLBUS z.B. sozioökonomisches Panel, Wohlfahrtssurveys, ZUMA-Sozialwissenschaften-Busse[82]) beleuchtet. Der Wissenschaftliche Beirat für Mikrozensus und Volkszählung spricht denn auch ganz allgemein von einer „international bewährten Arbeitsteilung zwischen amtlicher Statistik und empirischer Sozialforschung" (Esser u.a. 1989: 372).

Innerhalb dieses Gesamtrahmens kommt auch dem ALLBUS als einer Datenquelle für Sozialstrukturanalysen Bedeutung zu, wenngleich ALLBUS-Daten in diesem Bereich nicht die außerordentlich große Verwendung finden wie bei Einstellungsanalysen.

Einige Beispiele aus neueren ALLBUS-Umfragen:

---

[82] Der Sozialwissenschaften-Bus ist – wie der ALLBUS auch – eine sozialwissenschaftliche Mehrthemenbefragung, die von 1985 bis 1998 dreimal jährlich von ZUMA gemeinsam mit der GfM-Getas in Hamburg durchgeführt worden ist. In den Sozialwissenschaften-Bus mit zuletzt 2.000 Befragten im Westen und 1.000 im Osten Deutschlands konnten sich Forscher mit einzelnen Fragen oder Fragenblocks bis zu ca. 30 Minuten Erhebungszeit einschalten.

Hradil (1995) gibt in seinem Buchbeitrag „Auf dem Weg zur Single-Gesellschaft" einen Überblick über die soziodemographische Zusammensetzung und Lebensweisen der *Singles* und stellt Prognosen zur quantitativen Entwicklung des Single-Anteils und zu den gesellschaftlichen Auswirkungen wachsender Singleanteile in der Bevölkerung Deutschlands an. Unter Singles fasst der Autor alle Personen zwischen 25 und 55 Jahren, die alleine leben. Neben anderen Datenquellen verwendet Hradil den kumulierten ALLBUS 1980-1992.

Hradil stellt fest, dass im Jahr 1990 nur etwa 6% der Deutschen als Single lebten; bis 2010 rechnet der Autor mit einem Anwachsen auf maximal 9,5%. Analysen zur Beschreibung der Singles ergeben u.a.: Singles leben häufiger in Großstädten, haben eine überdurchschnittliche Bildung, verfügen über höhere Einkommen und kommen häufiger aus besser gestellten Elternhäusern als gleichaltrige Nicht-Singles. Sie sind häufiger postmaterialistisch eingestellt und stehen der Kirche ferner als Nicht-Singles. Bezüglich der Auswirkungen wachsender Anteile von Singlehaushalten wird wegen der niedrigen Kinderzahlen von Singles erwartet, dass sie zur Verschärfung einer Reihe gesellschaftlicher Probleme beitragen, und zwar im Hinblick auf die Soziallasten, den Generationenvertrag, den Einwanderungsbedarf und die Alterung der Bevölkerung. Gleichzeitig wird vermutet, dass Singles aufgrund ihrer höheren Bildungs- und Weiterbildungsbereitschaft und ihrer überdurchschnittlichen Erwerbsbeteiligung stärker als andere Bevölkerungsgruppen Probleme der Arbeitskräfteknappheit und der Anpassung an den sozialen und technologischen Wandel lösen helfen.

Stärker noch als Hradil verfolgt Melbeck (1992) den Weg der Sozialstrukturanalyse mit ALLBUS-Daten: Auf der Grundlage der ALLBUS-Baseline-Studie von 1991 untersucht Melbeck verschiedene Aspekte der *Familien- und Haushaltsstruktur* im Ost-West-Vergleich. Er kommt zu dem Schluss, dass zum einen die Verheiratetenquote im Westen geringer und der Anteil der Kinderlosen höher ist als im Osten, dass sich zum anderen eine im Osten zeitlich früher einsetzende Bildung von Kernfamilien feststellen lässt. Die vorhandenen Daten erlauben keine kausalen Ableitungen, welche Gründe hierfür verantwortlich sind. Nach Melbecks Ansicht könnte eine Erklärung sein, dass die in der früheren DDR aktiv betriebene Be-

völkerungs- und Familienpolitik erfolgreich gewesen ist. Genauso
gut sei es aber auch möglich, dass nicht die positiven Anreize die
früher einsetzenden Familiengründungen bewirkten, sondern dass die
Ursache in den fehlenden Alternativen zu suchen sind und der Effekt
auch ohne die Förderungsmaßnahmen aufgetreten wäre.

Wiegand (1992) beschäftigt sich mit dem steigenden *Scheidungsrisiko* in Ost und West und kommt auf der Grundlage von Daten der
amtlichen Statistik und der ALLBUS-Baseline-Befragung 1991 zu
dem Schluss, dass die Instabilität von Ehen im Zeitverlauf zugenommen hat. Dieser Tatbestand trifft für die frühere Bundesrepublik
und die ehemalige DDR gleichermaßen zu. Die im Vergleich zu den
analysierten Heiratsjahrgängen steiler absinkenden Kurven des An-
teils nicht geschiedener Ehen der Heiratsjahrgänge nach 1974, für die
noch keine vollständigen Angaben über die ersten fünfzehn Ehejahre
vorliegen können, deuten sehr stark darauf hin, dass sich der Trend
der zunehmenden Instabilität von Ehen auch zukünftig fortsetzen
wird.

Spindler (1993) befasst sich mit *Frauenerwerbstätigkeit* in den
neuen und alten Bundesländern und vergleicht anhand der ALLBUS
Baseline-Studie 1991 die Struktur der Frauenerwerbstätigkeit in Ost-
und Westdeutschland im Hinblick auf die Frage, inwieweit Frauen
und Männer auf dem Arbeitsmarkt gleichgestellt sind. Neben den
empirischen Ergebnissen stellt die Autorin verschiedene theoretische
Erklärungsmodelle vor und gibt einen Überblick über die Entwicklung der Frauen- und Familienpolitik in der DDR und der Bundesrepublik. Bei ihren empirischen Analysen findet sie u.a. folgende Ergebnisse: Frauen haben weder in den neuen noch in den alten
Ländern im Arbeitsleben eine Gleichstellung mit den Männern erreicht. Die Frauen im Osten haben allerdings gegenüber jenen im
Westen einen „Gleichstellungsvorsprung", der sich u.a. darin aus-
drückt, dass sie zu größeren Anteilen erwerbstätig sind und ihr
durchschnittliches Einkommen weniger stark von jenem der Männer
abweicht. Des weiteren räumen Frauen aus Ostdeutschland dem
Lebensbereich Arbeit einen größeren Stellenwert ein und sind (wie
Einstellungsfragen zeigen) weniger stark der traditionellen Ge-
schlechterrolle verhaftet als Frauen aus Westdeutschland.

Müller, Steinmann und Ell (1995) analysieren für mehrere Berufseintrittskohorten den Einfluss des Ausbildungsniveaus und der

sozialen Herkunft (Bildung der Eltern sowie Klassenzugehörigkeit und Prestige des Vaterberufs) auf das *Berufsprestige* und die *Klassenposition* im ersten Beruf. Für die Analysen werden kumulierte Daten des ALLBUS 1984, 1991, 1994 und des Sozioökonomischen Panels von 1986 herangezogen. Zentrale Ergebnisse sind: Durch den Bildungsabschluss können hohe Anteile der Varianz des Prestiges und der Klassenposition des ersten Berufs erklärt werden, wobei die Unterschiede zwischen den Geschlechtern relativ gering sind. Neben der Bildung sind direkte und indirekte Effekte der sozialen Herkunft feststellbar. Die grundlegenden Muster der Einflussbeziehungen haben sich nur wenig über die Berufseintrittskohorten geändert.

6.2.2   Der ALLBUS als Instrument zur Messung sozialen Wandels

Wir haben uns in Kapitel 3 ausführlich mit der Frage beschäftigt, ob replikative Surveys zur Messung sozialen Wandels geeignet sind, und wir haben festgestellt, dass sie sich trotz ihrer bekannten Schwächen (die wir an dieser Stelle nicht mehr zu diskutieren haben) alles in allem erfolgreich haben durchsetzen können und geeignet sind, einen wichtigen Beitrag zur Messung sozialen Wandels zu leisten. Insbesondere die verstärkte Replikation von Fragen, die bereits in früheren ALLBUS-Umfragen gestellt worden sind, könnte die Zeitreihenfähigkeit von ALLBUS-Daten positiv beeinflussen.

Welche gesellschaftlichen Entwicklungen sind vermittels ALLBUS-Daten aufzuzeichnen?

Bei der Entwicklung der *Kriminalitätsfurcht* konnte Babl (1993) unter anderem auf der Basis der ALLBUS-Befragungen von 1982, 1990 und 1992 einen U-förmigen Verlauf nachweisen: 1990 hatte die Kriminalitätsfurcht gegenüber 1982 abgenommen und ist danach bis 1992 wieder angestiegen. Dies erklärt sich vor allem dadurch, dass sich die Kriminalitätsfurcht in den neuen Bundesländern auf einem deutlich höheren Niveau bewegt als in den alten Bundesländern.

Dieses Ergebnis verweist auf eines der zentralen Probleme der Zeitreihenanalyse, nämlich die Veränderung der Population über die Zeit; wenn die Population erweitert wird (wie z.B. durch Einbezie-

hung der neuen Bundesländer) und wenn das zu untersuchende
Merkmal in dem neu hinzugekommen Teil der Population extrem
oder auch nur stark anders ausgeprägt ist als in dem alten Teil, spiegelt die Veränderung in der Zeitreihe möglicherweise weniger eine
tatsächliche Entwicklung wider als eher den Einfluss der methodischen Veränderung. Von daher hätte man die Werte für 1992 nach
Ost und West besser getrennt ausgewertet und die Zeitreihe für West
separat dargestellt.

Bauer-Kaase (1994) untersucht – unter anderem auf Grundlage
der Daten des ALLBUS 1980, 1982, 1988, 1990, der ALLBUS-
Baseline-Studie 1991 und der ISSP-Plus-Studie von 1990 – Fragen
des Vereinigungsprozesses insbesondere im Hinblick auf *Einstellungen zum politischen System* (Demokratieskala) und *politisches Han-
deln*. Wenn man die enormen Unterschiede in der sozio-politischen
Struktur und dem sozialen Kontext zwischen beiden Teilen
Deutschlands über fast ein halbes Jahrhundert berücksichtige, so
Bauer-Kaase, könne man nur beeindruckt sein von der Konvergenz
in den politischen Orientierungen der beiden Populationen.

Blasius (1994) erforscht anhand der ALLBUS-Erhebungen 1984,
1988 und 1992, wie sich die Einschätzungen bezüglich der allgemeinen und persönlichen *Betroffenheit von Umweltbelastungen* in verschiedenen Bereichen (Fluglärm, Bleigehalt im Benzin, Industrieab-
fälle, Kernkraftwerke, Industrieabgase und Verkehrslärm/Autoab-
gase) entwickelt haben. Dabei stellt er u.a. fest, dass lediglich die
Einschätzung der Belastung durch Kernkraftwerke in den untersuchten Jahren deutlich gestiegen ist.

Braun (1995) beleuchtet mit ALLBUS- und ISSP-Daten zur *Rolle
der Frau* in Familie und Beruf aus den Jahren 1982, 1988 und 1991
die Entwicklung in beiden Teilen Deutschlands seit der Wiedervereinigung. Dabei zeigt sich, dass sich die Einstellungen in Ostdeutschland weiter in Richtung weniger traditioneller Einstellungen verscho-
ben haben, während umgekehrt die Einstellungen in Westdeutschland
– vermutlich als Reaktion auf die wirtschaftliche Rezession – traditioneller geworden sind.

In seiner Studie über *Religion unter den Bedingungen der Moderne* geht Daiber (1995) der Frage nach, welche Rolle der *Religion*
heutzutage zukommt. Hierzu wird ein umfassender Überblick über
Religiosität der Bevölkerung und die Situation der Religionsgemein-

schaften in Deutschland gegeben. Der Autor beginnt mit theoretischen Vorüberlegungen zu Religion und Modernität und skizziert den gesellschaftlichen Hintergrund in den alten und neuen Bundesländern. Daran schließen sich Analysen zum Ausmaß religiöser Orientierungen in der Bevölkerung an. Es folgen Darstellungen zum Verhältnis von organisierter Religion zur Öffentlichkeit sowie zur Situation der beiden großen Kirchen wie auch der kleineren Religionsgemeinschaften in Deutschland. Schließlich wird dem Verhältnis von einzelnen Bevölkerungsgruppen zur Kirche im gesellschaftlichen Wandel nachgegangen. Unter anderem wird festgestellt, dass religiöser Individualismus an Bedeutung gewonnen hat, dogmatisch abgesicherte religiöse Symbole hingegen an Bedeutung verloren haben. Gleichwohl gebe es innerhalb der christlichen Kirchen noch eine große Zahl von Menschen, die die grundlegenden dogmatischen Traditionen der Kirchen bejahen. Für die empirischen Analysen der Studie werden neben anderen Erhebungen die ALLBUS-Befragungen 1982, 1988 und 1992 verwendet. Der ALLBUS wird insbesondere dazu genutzt, religiöse Orientierungen und Gottesvorstellungen innerhalb der Bevölkerung nachzuzeichnen.

Mit dem Wandel von *Erziehungszielen* beschäftigt sich Feldkircher (1994). Seine zentrale These lautet, dass es eine Entwicklung gegeben hat weg von Erziehungszielen, die Anpassung an externe Standards ausdrücken, hin zu Erziehungszielen, die die Selbstbestimmung des Einzelnen betonen. Der prognostizierte Wandel kann anhand der Daten für Westdeutschland bestätigt werden. Eine Aufgliederung nach Geburtskohorten ergibt, dass die Veränderungen vor allem durch Inter-Kohortenwandel getragen wurden.

Häder (1994) untersucht anhand von ALLBUS-Daten den Wandel der Einstellungen zu *AIDS* zwischen 1988 und 1992. Dabei stellt er fest, dass – bei konstant hohem Wissen über AIDS – im untersuchten Zeitraum die Furcht angestiegen ist, sich persönlich eine HIV-Infektion zuzuziehen.. Gleichzeitig hat auch das präventive Verhalten in den untersuchten Jahren zugenommen. Besorgnis und Präventionsmaßnahmen sind besonders bei jungen und hoch gebildeten Befragten verbreitet. Gewandelt haben sich zum Teil die Einstellungen zu staatlichen Maßnahmen. Unter anderem wird die namentliche Meldepflicht 1992 stärker befürwortet als noch 1988.

Anhand der ALLBUS-Erhebungen 1982 bis 1990, der ISSP-Plus-Studie 1990 und der ALLBUS-Baseline-Studie 1991 untersucht Mohler (1992) das *subjektive Wirtschaftsklima* in Deutschland. Das subjektive Wirtschaftsklima, also die Frage, wie gut oder wie schlecht die Bürger die wirtschaftliche Lage einschätzen, war in der Bundesrepublik seit den achtziger Jahren von einer im großen und ganzen positiven Stimmung geprägt. Die Bürger schätzten ihre eigene wirtschaftliche Lage im Durchschnitt zwischen „gut" und „indifferent" ein. Die Einschätzung der gesamtwirtschaftlichen Lage verbesserte sich von „schlecht" zu Beginn der achtziger Jahre auf „gut" im Jahr 1990. In diesem Jahr wurde auch zum ersten Mal die gesamtwirtschaftliche Lage der Bundesrepublik besser als die eigene wirtschaftliche Lage eingeschätzt.

Mit *Bildungsexpansion* und *Bildungsgleichheit* befassen sich Müller und Haun (1993) sowohl im internationalen Vergleich als auch in der Entwicklung in Deutschland über die Zeit. Aufgrund von Daten des kumulierten ALLBUS 1980 – 1991 finden sie – im Gegensatz zu einer Reihe anderer Untersuchungen -, dass der Einfluss sozialer Bestimmungsfaktoren für jüngere Geburtskohorten in Deutschland an Bedeutung verloren hat, und zwar insbesondere im Hinblick auf den Übergang zu weiterführenden Schulen.

In einem weiteren Beitrag zum Thema *Bildungsungleichheit* im sozialen Wandel zeigen die gleichen Autoren (Müller und Haun 1994), dass – im Gegensatz zu der in der Literatur weithin verbreiteten These konstanter Ungleichheiten – seit der Zwischenkriegszeit und den ersten Nachkriegsjahren die Unterschiede zwischen den verschiedenen Bevölkerungsgruppen in der Bildungsbeteiligung und in den erworbenen Bildungsabschlüssen deutlich kleiner geworden sind. Die Analyse sukzessiver Übergänge zwischen den verschiedenen Stufen des Bildungswesens belegt, dass die Ungleichheit insbesondere durch den Abbau der sozialen Beteiligungsdifferentiale beim Übergang zu den weiterführenden Schulen und beim Erwerb der Mittleren Reife geringer geworden ist. Als Folge haben aber auch die Ungleichheiten beim Erwerb des Abiturs und von Hochschulabschlüssen abgenommen. Die Ungleichheitsreduktion ist unterschiedlich stark nach unterschiedlichen Ungleichheitsdimensionen, und sie variiert in unterschiedlichen Phasen der Nachkriegsentwicklung. Aus der Konstellation der Befunde werden spezifische Hypothesen zur

Erklärung des Ungleichheitsabbaus diskutiert. Datenbasis der Analysen sind die kumulierten ALLBUS-Befragungen 1980-1992, das Sozioökonomische Panel 1986 und der Mikrozensus 1971.

Die Studie von Müller und Haun (1994) ist ein Beispiel dafür, wie Daten der amtlichen Statistik gemeinsam mit Umfragedaten zur Beschreibung sozialstruktureller Veränderungen über die Zeit genutzt werden können (vgl. Kapitel 6.2.1.2).

Noll (1995) untersucht, wie sich die *materielle Ungleichheit* sowie die *Wahrnehmung und Bewertung sozialer Ungleichheit* in den alten und neuen Bundesländern entwickelt haben. In bezug auf die materielle Ungleichheit stellt er fest, dass die Wohlstandsdisparitäten zwischen Ost und West abgebaut wurden, aber keineswegs verschwunden sind. Gleichzeitig hat die materielle Ungleichheit innerhalb Ostdeutschlands zugenommen. In bezug auf die Wahrnehmung und Bewertung sozialer Ungleichheit findet der Autor Belege für beträchtliche Unterschiede zwischen alten und neuen Bundesländern: Ostdeutsche haben in stärkerem Maße als Westdeutsche das Bild einer Gesellschaft, in der Lebenschancen nach der Zugehörigkeit zu Klassen und Schichten verteilt sind. Gleichzeitig ordnen sie sich in der gesellschaftlichen Statushierarchie durchschnittlich deutlich niedriger ein als Westdeutsche. Weiterhin sind Ostdeutsche im Durchschnitt egalitärer eingestellt und beurteilen soziale Ungleichheiten kritischer. Die ungleichheitskritische Haltung der ostdeutschen Bevölkerung hat in den letzten Jahren zugenommen. Basis der empirischen Analysen zur Wahrnehmung und Bewertung sozialer Ungleichheit sind ALLBUS-Daten aus den Jahren 1980 – 1994 sowie der Sozialwissenschaften-Bus 1976.

Reuband (1992a) untersucht den Zusammenhang von *Kriminalitätsfurcht* und *Kriminalitätsbelastung* über die Zeit. Es wird gezeigt, dass sich die Zahl der Gewaltdelikte im Untersuchungszeitraum, standardisiert auf die Einwohnerzahl, in der Bundesrepublik annähernd verdoppelt hat. Im Widerspruch zu dieser objektiven Entwicklung geht die subjektive Bedrohung zurück. Die Untergliederung der Daten zur Kriminalitätsfurcht nach dem Geschlecht ergibt, dass bei Frauen die Kriminalitätsfurcht über die Zeit abgenommen hat. Grundlage für seine Untersuchung der subjektiven Bedrohung ist die zu mehreren Zeitpunkten erhobene Frage nach der Kriminalitätsfurcht, die als Standardinstrument zur Erfassung der Furcht vor Gewaltkriminalität gilt, und die auch in den ALLBUS-Umfragen 1982 und 1990 erhoben wurde. In einer weiteren Arbeit zum gleichen Thema analysiert Reuband (1995) auf der Basis verschiedener Umfragen, wie sich die berichtete Viktimisierung sowie die Furcht vor Kriminalität seit den 70er Jahren in der Bevölkerung der alten Bundesrepublik entwickelt hat. Der Autor stellt fest, dass trotz gestiegener Kriminalität in den 90er Jahren die berichtete Viktimisierung stabil geblieben ist. Im Hinblick auf die Kriminalitätsfurcht belegt er anhand verschiedener Indikatoren, dass das persönliche Bedrohungsgefühl seit Beginn der 90er Jahre nicht zugenommen hat, wohl aber ein allgemeines, eher abstraktes Gefühl der Bedrohung durch Kriminalität. Der Autor vermutet, dass die Abnahme des subjektiven Bedrohungsgefühls u.a. auf Veränderungen des Rollenverständnisses von Frauen zurückzuführen ist, während die Zunahme eines allgemeinen Bedrohungsgefühls u.a. durch generelle Verunsicherungen aufgrund gesamtgesellschaftlicher Wandlungsprozesse in den 90er Jahren ausgelöst ist. Neben anderen Erhebungen werden Daten aus den ALLBUS-Umfragen 1980, 1990 und 1992 herangezogen.

Ingimundarson (1992) kann anhand von Daten aus ALLBUSsen zwischen 1980 und 1990 aufzeigen, dass *ausländerfeindliche Einstellungen* in Westdeutschland rückgängig sind. Zu einem ähnlichen Ergebnis gelangen Kühnel und Terwey (1994) mit den gleichen Daten und den Daten aus dem ALLBUS 1992; für den beobachteten Zeitraum stellen sie ein sich kontinuierlich verbesserndes Meinungsklima gegenüber Gastarbeitern fest. Ihre Analysen zeigen, dass das verbesserte Meinungsklima zu einem großen Teil durch den Wandel der soziodemographischen Zusammensetzung der Bevölkerung und durch allgemeine politische Orientierungen und Werthaltungen erklärbar ist. Im Hinblick auf die Beurteilung des Zuzuges von Ausländern ergeben die Analysen, dass insbesondere das Herkunftsland und der Grund der Immigration Faktoren sind, die die Akzeptanz des Zuzuges beeinflussen. Die Autoren weisen darauf hin, dass die festgestellten Ergebnisse nicht alle relevanten Aspekte des Verhältnisses zwischen Ausländern und Deutschen erfassen können. Im Gegensatz zu diesen beiden Arbeiten stellt Küchler (1994) fest, dass sowohl vor als auch nach der Wiedervereinigung ein bemerkenswertes Ausmaß an Fremdenfeindlichkeit in Deutschland besteht, wobei nach der Wende in Ost und West vergleichbare Muster aufgezeigt werden können. Neben der formalen Bildung und der Selbsteinstufung der Befragten auf der Links-Rechts-Skala der politischen Grundorientierung sind es vor allem ökonomische und soziale Ängste sowie das Gefühl relativer Deprivation (das Gefühl, es gehe einem schlechter als vergleichbaren Anderen), welche fremdenfeindliche Einstellungen befördern. Als Datenquellen benutzt Küchler (1994) unter anderem Daten der ALLBUS-Befragungen von 1980 bis 1992.

6.2.3   Der ALLBUS als Instrument des internationalen Vergleichs

Eine der zentralen Zielsetzungen, die mit dem Forschungsprogramm ALLBUS von Anbeginn an verbunden waren, war die international vergleichende Gesellschaftsanalyse. Wir haben in Kapitel 4.3 darauf hingewiesen, dass zu diesem Zweck bereits in der Anfangsphase der ALLBUS-Geschichte bilaterale Kooperationen mit ausländischen Forschungseinrichtungen installiert worden sind, die schließlich in das internationale Umfrageprogramm ISSP (International Social Survey Program) mündeten. Bevor wir einige Ergebnisse international vergleichender Analysen mit ALLBUS- und ISSP-Umfragen aus jüngerer Zeit darstellen, wollen wir uns in einem Exkurs mit diesem Forschungsprogramm beschäftigen.

Exkurs: Das International Social Survey Program (ISSP)

Das ISSP (im Internet unter http://www.issp.org/) ist ein Forschungs-programm, mit dem in jährlichen replikativen Surveys in derzeit 34 Teilnehmerländern[83] Informationen über sozialwissenschaftlich rele-vante Themen erhoben werden; von 1991 bis 1997 war das ISSP-Sekretariat bei ZUMA angesiedelt gewesen. Mit dem ISSP wird ein wesentlicher Beitrag zu einer internationalen, interkulturellen Um-frageforschung geleistet.

Das ISSP wurde 1983 ins Leben gerufen, um die Zusammenarbeit von damals vier Umfragen zu organisieren, nämlich

- □ dem General Social Survey des National Opinion Research Center (NORC) der University of Chicago,
- □ dem British Social Attitudes Survey des Social and Commu-nity Planning Research Center (SCPR) in London,
- □ der Research School of Social Sciences (RSSS) der Austra-lian National University in Canberra und
- □ dem ALLBUS.

Die vier ISSP-Gründungsmitglieder verständigten sich auf die ge-meinsame Vorbereitung von Fragenprogrammen zu sozialwissen-schaftlich relevanten Themenstellungen, die in Anhängen zu den bestehenden Bevölkerungsumfragen durchgeführt werden und einen gemeinsamen Bestand an soziodemographischen Variablen beinhal-ten sollten. Die Daten sollten so schnell wie möglich der social science community zur Verfügung gestellt werden, wobei die Umset-zung der Nationendaten in einen gemeinsamen Datensatz dem Zent-

---

[83]   Neben den vier „Gründerstaaten" Australien, Großbritannien, Deutsch-land und USA sind dies derzeit Bangla Desh, Brasilien, Bulgarien, Chi-le, Dänemark, Frankreich, Irland, Israel, Italien, Japan, Kanada, Litauen, Neuseeland, Niederlande, Norwegen, Österreich, Philippinen, Polen, Portugal, Russland, Schweden, Schweiz, Slowakische Republik, Slowe-nien, Spanien, Tschechische Republik, Ungarn Venezuela und Zypern.

ralarchiv für empirische Sozialforschung der Universität zu Köln übertragen wurde. Inhaltliche Schwerpunkte der ISSP-Befragungen waren bisher

1985   Einstellungen zu Staat und Regierung

1986   Soziale Netzwerke und Unterstützungsbeziehungen

1987   Soziale Ungleichheit

1988   Familie und sich ändernde Geschlechterrollen

1989   Arbeitsorientierungen

1990   Einstellungen zu Staat und Regierung II (Replikation von 1985)

1991   Religion

1992   Soziale Ungleichheit II (Replikation von 1987)

1993   Umwelt

1994   Familie und sich ändernde Geschlechterrollen II (Replikation von 1988)

1995   Nationale Identität

1996   Einstellungen zu Staat und Regierung III (Replikation von 1985, 1990)

1997   Arbeitsorientierungen II (Replikation von 1989)

1998   Religion II (Replikation von 1991)

1999   Soziale Ungleichheit III (Replikation von 1987, 1992)

Als Schwerpunkt für den ISSP 2000 ist der Bereich „Umwelt" als Replikation der Umfragen von 1993 geplant, für 2001 „Soziale Netzwerke und Unterstützungsbeziehungen II" (Replikation von 1986), für 2002 „Familie und sich ändernde Geschlechterrollen III" (Replikation von 1988 und 1994).

Das ISSP steht für eine Reihe wichtiger Entwicklungen im Gebiet der internationalen Forschung. Zum einen erfolgt die Zusammenarbeit zwischen den nationalen Einrichtungen nicht ad hoc oder nur von Fall zu Fall, sondern kontinuierlich mit elaborierten Routinen. Aufgrund der Notwendigkeit einer ausführlicheren und besser begründeten Zusammenarbeit als bei singulären Kooperationen macht es das ISSP – zum zweiten – erforderlich, internationale Umfrageforschung zu einem wichtigen Bestandteil der nationalen Forschungsagenda der beteiligten Nationen zu machen. Zum dritten werden durch die Kombination der Zeitreihen- mit der internationalen Perspektive zwei fruchtbare Ansätze zur Betrachtung gesellschaftlicher Prozesse miteinander verbunden.

Von seiner Zielsetzung her verfolgt das ISSP nicht nur den Zweck, soziale Tatbestände international zu beschreiben und zu erklären, sondern zugleich die methodischen Grundlagen für den interkulturellen Vergleich zu erarbeiten und zu verbessern. Methodische Grundsatzfragen wie die Übersetzung der Fragebogen, die Folgen unterschiedlicher Datenerhebungsverfahren in unterschiedlichen Mitgliedsländern und der Vergleich der demographischen Variablen stehen auf dem Programm der ISSP Methodology Group, einer Teilorganisation des ISSP, die sich vor allem mit methodischen Aspekten internationaler Umfragekooperation auseinandersetzt.

Die besondere Bedeutung des ISSP liegt zum einen darin, dass es sich um ein Projekt handelt, das in seiner Zusammensetzung und Kontinuität in der international vergleichenden Sozialforschung einmalig ist, zum andern, dass es eine Themenvielfalt bietet, die sich von den meisten internationalen Studien, die sich zumeist auf einen inhaltlichen Bereich konzentrieren, unterscheidet.

Die ISSP-Bibliographie, in der Publikationen festgehalten sind, die einen Vergleich von Daten aus mindestens zwei ISSP-Mitgliedsländern berichten (im Internet zum download abrufbar unter http://www.issp.org/biblio.htm) weist zuletzt (April 1999) ca. 700 Titel aus.

Aufgrund der auch inhaltlich und thematisch engen Beziehung zwischen ISSP und ALLBUS werden Daten aus beiden Quellen häufig gemeinsam zum Einsatz gebracht. Einige neuere Arbeiten – damit beenden wir diesen Exkurs über das ISSP – werden im folgenden kurz beschrieben, um die Möglichkeit von Erkenntnisgewinn durch international vergleichende Sozialforschung zu illustrieren.

Braun, Alwin und Scott (1994) untersuchen – als Kombination von Zeitreihen- und internationalem Vergleich – den Wandel der Einstellungen zur *Rolle der Frau* in Deutschland und den Vereinigten Staaten. Dazu verwenden sie Daten aus den ALLBUS-Umfragen 1982, 1991 und 1992 sowie aus den General Social Surveys der

Jahre 1977 bis 1991. Für beide Gesellschaften wird ein deutlicher Trend zur stärkeren Gleichstellung von Frauen und Männern festgestellt, wobei in Westdeutschland nach wie vor traditionelle Einstellungen stärker verbreitet sind.

Brüderl und Diekmann (1994) widmen sich dem *Zusammenhang zwischen Bildung und Heiratsverhalten* in Westdeutschland, der ehemaligen DDR und den Vereinigten Staaten. Der familienökonomischen Theorie folgend wird postuliert, dass höhere Bildung bei Frauen die Heiratsneigung während der Ausbildung (Institutioneneffekt) und auch nach dem Ausbildungsabschluss generell vermindert (Humankapitaleffekt). Für Männer prognostiziert die Theorie zwar auch den heiratsverzögernden Institutioneneffekt, vom Humankapitaleffekt ist dagegen eher eine Erhöhung der Heiratsneigung zu erwarten. Verschiedene Überlegungen führen zu der weiteren Hypothese, dass sich bei den jüngeren Geburtskohorten die Differenz in den Humankapitaleffekten der Geschlechter abschwächen wird. Diese Hypothesen werden mit Daten der General Social Surveys 1972–1990 und des ALLBUS 1980–1988 und 1991 überprüft. Für die USA und die BRD zeigen sich den Hypothesen weitgehend entsprechende Muster. Die ehemalige DDR weist ein von diesem Muster abweichendes Heiratsverhalten auf, wie aus der familienökonomischen Theorie aufgrund des andersgearteten institutionellen Hintergrundes zu erwarten gewesen sei.

Reuband (1992a) vergleicht *objektive und subjektive Bedrohung durch Kriminalität* in Deutschland und den Vereinigten Staaten. Er zeigt auf, dass sich die Zahl der Gewaltdelikte im Untersuchungszeitraum, standardisiert auf die Einwohnerzahl, in der Bundesrepublik annähernd verdoppelt, in den USA sogar verdreifacht hat. Im Unterschied zu dieser objektiven Entwicklung zeigt sich bei der subjektiven Bedrohung ein anderer Trend. Hier ist ein langfristiger Anstieg der Kriminalitätsfurcht in den USA und ein Rückgang in der Bundesrepublik zu beobachten. Die Untergliederung der Daten zur Kriminalitätsfurcht nach dem Geschlecht in beiden Ländern ergibt, dass die Verhältnisse unter den Männern sowohl hinsichtlich des Trends als auch des generellen Niveaus einander ähneln. Bei den Frauen unterliegt in beiden Ländern die Furcht über die Zeit einem starken Wandel, allerdings je nach Land in gegenläufiger Richtung: in den USA nimmt sie zu, in der Bundesrepublik Deutschland ab.

Shavit, Müller u.a. (1994) beschäftigen sich mit der *beruflichen Ausbildung* und dem *Übergang von Männern in das Berufsleben* im Vergleich zwischen Israel, Italien und Deutschland, und sie stellen für alle drei Länder fest, dass eine Berufsausbildung die Chance erhöht, als Facharbeiter eingestellt zu werden, und das Risiko der Arbeitslosigkeit verringert. Die Ergebnisse für Deutschland basieren auf ALLBUS-Daten.

Mit dem *Nationenstolz* in Großbritannien und Deutschland befassen sich Topf, Mohler, Heath und Trometer (1990). Auf der Basis der Frage, worauf die Bürger eines Landes besonders stolz sind, untersuchen sie die affektive Bindung der Bevölkerung an das jeweilige politische System in der Bundesrepublik Deutschland (ALLBUS 1988) und in Großbritannien (British Election Study 1987). Die Ergebnisse werden denjenigen einer in beiden Ländern durchgeführten Studie aus dem Jahre 1959 gegenübergestellt und nach demographischen Befragtenmerkmalen aufgeschlüsselt. Weiterhin werden Zusammenhänge mit generellen Einstellungen zur Demokratie und zur politischen Partizipation untersucht. Als allgemeines Ergebnis halten die Autoren fest, dass, entgegen den Daten aus dem Jahre 1959, große Gemeinsamkeiten zwischen der Bundesrepublik Deutschland und Großbritannien hinsichtlich der affektiven Bindung an das jeweilige politische System bestünden. In beiden Ländern seien die Befragten am häufigsten stolz auf das höchste Symbol des politischen Gemeinwesens, im einen Fall das Grundgesetz und im anderen die Monarchie. Angesichts der Ergebnisse in der jüngsten Altersgruppe bleibe allerdings abzuwarten, ob dieser positive Befund auf längere Sicht Bestand haben werde. Auch würden die Leistungen des politischen Gemeinwesens, ausgedrückt durch die sozialstaatlichen Errungenschaften, hoch eingeschätzt.

6.2.4 Der ALLBUS als Instrument der Methodenforschung

Bleibt schließlich die Frage, welche Ergebnisse der ALLBUS als Studie zur Methodenforschung nachzuweisen hat, sollte mit diesem Forschungsprogramm doch von Anfang an neben inhaltlichtheoretischen Fragestellungen auch ein Beitrag zur Methodenforschung im Bereich der Umfragemethodologie geleistet werden.

Dies sollte ursprünglich mit der Durchführung begleitender Methodenstudien erreicht werden, was zu einer Reihe interessanter methodischer Untersuchungen führte, die mit dem ALLBUS 1990 aber aus Kostengründen praktisch ausgesetzt worden sind. Bis dahin hatten sich die Methodenstudien zum ALLBUS mit Interviewereffekten (Schanz und Schmidt 1984), sozialer Erwünschtheit des Antwortverhaltens (Schmidt 1980) und mit Wohnquartiersbeschreibungen (Hoffmeyer-Zlotnik 1984) beschäftigt (ALLBUS 1980), mit der internationalen Vergleichbarkeit von Einstellungsskalen (ALLBUS 1982; Faulbaum 1984b; Wegener 1983), mit der Test-Retest-Reliabilität (ALLBUS 1984; Bohrnstedt, Mohler und Müller, 1987), mit nonresponse (ALLBUS 1986; Erbslöh und Koch 1988) und mit Gewichtungsverfahren (ALLBUS 1988; Rothe 1989). Seit 1990 wurden mit dem ALLBUS keine eigenständigen Methodenstudien verbunden, dennoch konnten nach wie vor eine Reihe methodischer Fragen mit dem ALLBUS beantwortet werden.

So untersucht Blaschke (1996) anhand des österreichischen Sozialen Survey 1993, inwieweit es Anhaltspunkte dafür gibt, dass *Eigenschaften der Interviewer* oder die *Anwesenheit dritter Personen beim Interview* das Zustandekommen von Interviews bzw. das Antwortverhalten der Befragten beeinflussen. Zum Vergleich werden zusätzlich Ergebnisse aus dem ALLBUS 1990 präsentiert. Für den österreichischen Sozialen Survey wird u.a. gezeigt, dass eine gewisse Ähnlichkeit von Interviewer und Interviewten im Hinblick auf Geschlecht und Bildungsniveau eine leicht förderliche Wirkung auf das Zustandekommen von Interviews hat. Daneben werden für einzelne Einstellungsfragen geringfügige Interviewereffekte auf das Antwortverhalten gefunden, die im Sinne einer Anpassung an die vermuteten Einstellungen des Interviewers interpretiert werden. Bezüglich der Anwesenheit dritter Personen wird festgestellt, dass die Antwortbereitschaft der Befragten deutlich schlechter wird und dass bei einzelnen Einstellungsfragen Antwortverzerrungen aufzutreten scheinen, wobei dies in nennenswertem Ausmaß nur bei Fragen zur Familien- und Partnerzufriedenheit gilt. Für die meisten Befunde zeigt sich, dass sie in ähnlicher Weise auch im ALLBUS 1990 zu finden sind.

Mit dem gleichen Thema befasst sich Hartmann (1994). Um Auswirkungen der Anwesenheit Dritter beim Interview auf die Qualität der Antworten festzustellen, werden häufig die Antworten von Befragten mit vs. ohne Anwesenheit eines Dritten im Interview miteinander verglichen. Hartmann argumentiert nun, dass die dabei festgestellten Effekte dadurch beeinflusst sein können, dass nicht für alle Befragten die gleiche Wahrscheinlichkeit besteht, dass eine dritte Person beim Interview anwesend ist. Um diese These zu überprüfen, entwickelt die Autorin ein multivariates logistisches Modell zur Vorhersage der Chance für die Anwesenheit des Ehepartners während des Interviews. Empirische Basis bilden Daten aus den ALLBUS-Erhebungen 1980 bis 1990. Die Ergebnisse zeigen, dass für nicht erwerbstätige Befragte die Wahrscheinlichkeit für die Anwesenheit des Partners beim Interview unterdurchschnittlich ist, während sie bei beiderseitiger Nicht-Erwerbstätigkeit von Befragtem und Ehepartner überdurchschnittlich ist. Die Wahrscheinlichkeit erhöht sich ebenfalls, falls der Befragte männlich ist oder eine Frau von einem Mann interviewt wird. Darüber hinaus erhöht sich die Wahrscheinlichkeit mit zunehmender Länge des Interviews.

In einer weiteren Arbeit untersucht Hartmann (1995) anhand der ALLBUS-Befragungen von 1984 bis 1990, inwieweit die Präsenz von dritten Personen während des Interviews zu einer Erhöhung von Antwortverweigerungen und sonstigen „missing values" führt. Die Autorin findet Belege, dass die Tendenz zu Antwortverweigerungen mit der Anwesenheit Dritter steigt. Diese Tendenz zeigt sich in der Summe über alle Fragen und bei der Frage zum Einkommen, nicht jedoch in konsistenter Weise bei Einstellungsfragen zum Thema AIDS.

Mit dem brisanten Thema *Gefälschte Interviews* beschäftigt sich Koch (1995). Im ALLBUS 1994 konnte durch den Einsatz einer Einwohnermeldeamtsstichprobe die korrekte Realisierung der 3.505 Interviews systematisch überprüft werden. In sechs Prozent aller Fälle ergab sich ein Verdacht auf Unregelmäßigkeiten. In der Nachkontrolle erwiesen sich ungefähr die Hälfte dieser Interviews als gefälscht. Die von manchen Kritikern der Umfrageforschung geäußerte Behauptung, dass bei mündlichen Umfragen ein großer Teil der Interviews nicht korrekt durchgeführt würden, ist damit zumindest im Falle des ALLBUS nicht zutreffend.

Bohrhardt und Voges (1994) entwickeln anhand eines deutschen und eines amerikanischen Datensatzes eine vergleichbare *Berufsqualifikationsskala*, die sie mit Daten des ALLBUS 1990 auf ihre Korrelation mit Berufsprestigeskalen prüfen. Sie stellen vergleichsweise starke Zusammenhänge fest.

In der Arbeit von Liedke (1994) wird auf der Basis von ausgewählten Variablen aus den ALLBUS-Erhebungen 1991 und 1992 ein *Index zur Messung von „Konservativismus"* entwickelt, in den drei Dimensionen eingehen: Einstellungen zu Geschlechterrollen, zu politischen Aktivitäten und zu kirchlich-traditionellen Fragen. Die Werte des Index und seiner Teildimensionen werden anschließend für Teilgruppen der Befragten (Männer/Frauen, Ost-/Westdeutschland) und für die beiden Erhebungsjahre verglichen.

Gabler und Rimmelspacher (1994) verdeutlichen anhand von Arbeitswerten aus der ALLBUS Baseline-Studie 1991, wie Strukturen von Arbeitswerten in Grafiken der *Korrespondenzanalyse* sichtbar werden. Besonders einfach erkennbar ist am Schluss, dass die Hypothese von Alderfer über materielle, soziale und kognitive Arbeitsaspekte in diesem Zusammenhang nicht bestätigt werden kann.

Mit einem typischen Replikationsproblem befassen sich Blank und Schwarzer (1994): Im Laufe der Zeit hat sich der Begriff „Gastarbeiter" überholt; heute ist er unüblich geworden, und man spricht eher von „ausländischen Arbeitnehmern" oder „ausländischen Mitbürgern". Dieser Entwicklung muss bei der Formulierung von Fragen Rechnung getragen werden, obwohl durch eine *Veränderung des Fragenstimuli* der Zeitreihencharakter der Frage gefährdet ist. Will man neue Formulierungen verwenden und dennoch den Zeitreihencharakter einer Frage aufrechterhalten, ist zu prüfen, ob der neue Begriff dem alten tatsächlich entspricht; Mayer (1984) empfiehlt Doppelmessungen und split half-Verfahren als „Wege aus dem Replikationsdilemma". In diesem Sinne ersetzen Blank und Schwarzer (1994) in drei kleineren Befragungen die (aus Kapitel 6.1.2 bekannte) „Gastarbeiter-Skala" durch die allgemeinere Formulierung „die in der Bundesrepublik lebenden Ausländer". Die Ergebnisse aus ihren Befragungen vergleichen sie mit Daten des ALLBUS 1990, in dem die klassischen Gastarbeiter-Items erhoben worden sind. Die Eindimensionalität sowie die Stabilität der Faktorenladungen über die Stichproben sind durch einen multiplen Gruppenvergleich (LIS-

REL) nachgewiesen. Die externe Gültigkeit wird zum einen anhand
einer Stichprobe mit den Konstrukten „Nationalismus", „Autoritarismus" und „Zuzugsakzeptanz verschiedener Fremdgruppen", zum
anderen mit den demographischen Variablen Alter, Bildung und der
politischen Links-Rechts-Orientierung überprüft. Die Reformulierung
der klassischen Gastarbeiter-Items erweist sich dabei als sehr reli-
ables und valides Instrument zur Messung einer allgemeinen Diskri-
minierungstendenz gegenüber Fremdgruppen.

Ebenfalls in den Bereich der Methodenentwicklung und Methodenforschung fallen schließlich Publikationen, bei denen ALLBUS-
Daten zur Illustration von Datenerfassungs- und Datenauswertungs-
techniken und –programmen herangezogen werden. Dazu gehören
z.B. die Arbeiten von Janssen und Laatz (1996) *zur Datenanalyse
mit SPSS für Windows*, die Arbeit von Klemm (1994) über *computergestützte Datenerfassung*, die Arbeit von Wagner (1995) über eine
PC-gestützte Lehrveranstaltung zur empirischen Arbeitsmarktforschung oder diejenige von Wolf (1993) zur *Organisation persönli-
cher Netzwerkdaten* mit SPSS.

Zwar handelt es sich bei Arbeiten dieser Art nicht um originäre
Methodenforschung, doch erleichtern die öffentliche Zugänglichkeit
des ALLBUS und die Möglichkeit, Teildatensätze auf Diskette in die
Bücher einzulegen, die Nachvollziehbarkeit der behandelten Proze-
duren und damit den Wissenstransfer zwischen Autor und Rezipien-
ten.

7. Über den Zugang zu ALLBUS-Daten

Wie wollen Ihnen nun – da sich dieses Buch seinem Ende zuneigt – einige Hinweise geben, wie Sie – auch als Studentinnen und Studenten – mit Daten des ALLBUS arbeiten können; manche der Dinge, die Sie dabei erfahren werden, haben Sie an unterschiedlichen Stellen dieses Buches zwar schon lesen können, wir wollen aber dennoch die wichtigsten Informationen zum ALLBUS als Arbeitsgrundlage hier an dieser Stelle bündeln. Überlegen Sie sich, wie Sie mit Hilfe dieser Informationen Ergebnisse replizieren oder eigene neue Ideen empirisch umsetzen können.

Um eigene Analysen mit dem ALLBUS durchführen zu können, brauchen Sie zunächst einmal natürlich die Daten. ALLBUS-Daten erhalten Sie beim Zentralarchiv für empirische Sozialforschung (ZA) der Universität zu Köln. Den schnellsten Kontakt zum ZA finden Sie über das Internet; wählen Sie zunächst die ZA-homepage http://www.za.uni-koeln.de/index.htm an[84]. Wenn Sie sich dort für den Link „ALLBUS" unter·„Daten für Sekundäranalysen" entscheiden, gelangen Sie auf die homepage der Abteilung ALLBUS bei ZUMA; dort finden Sie alles, was Sie sonst zum ALLBUS wissen möchten. Da wir uns jetzt aber erst einmal mit dem Zugang zu ALL-BUS-Daten befassen wollen, gehen wir diesen Weg nicht, sondern gehen zum „Bestellservice" und aktivieren dort den Link „Daten für Sekundäranalysen mit Dokumentation"; so gelangen wir zum Bestellservice des ZA. Wenn Sie jetzt den Link „ALLBUS" anklicken, landen Sie beim „ALLBUS-Datenservice"; von dort aus können Sie sich Studienbeschreibungen und Informationen über den Zugang zu den Daten abrufen.

Wenn Sie sich ALLBUS-Daten bestellen wollen, können Sie das dort online (aber natürlich geht das auch auf traditionelle Weise schriftlich) erledigen. Auf einer CD-ROM (alle folgenden Preise Stand: März 2000) zum Preis von 50 DM erhalten Sie die Datensätze aller bisher durchgeführter ALLBUS-Umfragen als separate Daten-

---

[84] Sollten Sie privat nicht über einen Internet-Anschluss verfügen, können Sie vielleicht an der Universität online „surfen".

sätze einschließlich der dazugehörigen Codebücher sowie den kumulierten Datensatz über alle bisherigen ALLBUS-Umfragen. Die Datensätze von ALLBUS 1994 und 1996 gibt es dort auch als kostenlosen Download. Schließlich erhalten Sie gedruckte Codebücher für jeden einzelnen ALLBUS zum Preis von jeweils etwa 75 DM. Wählen Sie im Internet http://www.za.uni-koeln.de/data/allbus/allbus-order-intro.htm#Gebühren.

Die ALLBUS-Daten erhalten Sie in Form analysefähiger Datensätze, die Sie – etwa mit SPSS – ohne eigenes Zutun sofort bearbeiten können; die Codebücher enthalten Fragentexte, Antwortformulierungen und Randauszählungen. Die Codebücher zu den einzelnen ALLBUS-Umfragen enthalten darüber hinaus den jeweiligen Methodenbericht.

Wenn Sie ein wenig online beim ZA surfen, werden Sie dort weitere Informationen zum ALLBUS finden, zum Teil durch Links auf Seiten, die ZUMA zugehören. Solche Informationen können Sie aber auch direkt auf der homepage von ZUMA abrufen. Wählen Sie die Adresse http://www.zuma-mannheim.de, und schon sind Sie bei ZUMA. Dort klicken Sie auf „ALLBUS" im Menü „Surveys, amtliche Daten & Soziale Indikatoren", und Sie gelangen zur homepage der Abteilung ALLBUS. Von hier aus können Sie über verschiedene Links gehen, die Sie zu allen möglichen Seiten führen, welche Ihnen helfen, Informationen zum ALLBUS abzurufen.

Unter anderem finden Sie dort auch Zugang zu einer Reihe von Materialien, die Ihnen beim Arbeiten mit ALLBUS-Daten nützlich (z.B. Informationen über die Fragenprogramme aller ALLBUS-Umfragen) oder auch nur interessant sein können (z.B. können Sie hier die ALLBUS-Bibliographie, die Sammlung aller uns bekannter Arbeiten mit ALLBUS-Daten, online abrufen).

Wenn Sie sich für den methodischen Hintergrund der ALLBUS-Umfragen interessieren (und es ist empfehlenswert, das zu tun, wenn Sie mit den Daten arbeiten), sollten Sie sich – sofern Sie sich nicht die oben genannte CD-ROM anschaffen – auch die entsprechenden Methodenberichte zulegen; welche Methodenberichte es gibt, erfahren Sie, wenn Sie auf der ALLBUS-homepage http://www.zuma-mannheim.de/data/allbus/ unter „Inhalte, Daten und Ergebnisse" „Methodenberichte" anklicken. Auf der Seite, auf der Sie so angelangt sind, sehen Sie, dass Sie alle Methodenbericht zum ALLBUS online abrufen können.

Wenn Sie nun einige Zeit im WorldWideWeb bei ZA und ZUMA verbracht haben und dennoch Fragen offen geblieben sind, können Sie sich gerne auch direkt an die für den ALLBUS zuständigen Mitarbeiterinnen und Mitarbeiter beider Einrichtungen wenden. Auf Namen, Telefonnummern und email-Adressen werden Sie bei Ihrer Reise durch das Internet wohl schon gestoßen sein. Falls nicht, finden Sie die Ansprechpartner beim ZA unter http://www.za.uni-koeln.de/order/data-sets/ und bei ZUMA unter http://www.zuma-mannheim.de/data/allbus/ansprech.htm.

Damit sind Sie jetzt schon weit gekommen: Sie haben sich einen (am besten den kumulierten) Datensatz zum ALLBUS und das zugehörige Codebuch bestellt und vom ZA erhalten; der bei ZUMA angeforderte Methodenbericht liegt auch vor; Zusatzinformationen, die Sie in diesen Materialien nicht gefunden haben, haben Sie sich durch einen email-Kontakt mit den zuständigen Mitarbeitern des ZA oder ZUMAs verschafft. Eigentlich könnten Sie jetzt mit Ihren Auswertungen beginnen – sofern Ihnen das entsprechende Auswertungsprogramm – wir empfehlen das Programm SPSS – zur Verfügung steht. Hier kann Ihnen das Rechenzentrum Ihrer Universität sicherlich behilflich sein.

Um sich in das Programm einzuarbeiten, können neben dem Benutzerhandbuch Lehrbücher mit Beispielen hilfreich sein. Am besten schauen Sie in der Ihnen zur Verfügung stehenden Bibliothek nach, welche entsprechenden Bücher dort vorhanden sind, möglichst zu einer neueren Version des Programms; empfehlenswert ist sicherlich das SPSS-Lehrbuch von Bühl und Zöfel, das 1998 in der 4. Auflage erschienen ist und auf SPSS für Windows Version 7.5 basiert (die bibliographischen Angaben entnehmen Sie bitte dem Literaturverzeichnis).

Uns bleibt jetzt nur noch, Ihnen viel Spaß beim Arbeiten mit ALLBUS-Daten und viele neue Erkenntnisse zu wünschen.

8. Schlusswort

Dieses Buch, seiner Idee und Konzeption nach eine „Handlungsan-weisung" für die Vorbereitung und Durchführung empirischer For-schungsvorhaben im Rahmen der Umfrageforschung und für den angemessenen Umgang mit Umfragedaten, sollte kein Lehrbuch der Umfrageforschung im eigentlichen Sinne werden und ist es auch nicht geworden. Dazu ist es an vielen Stellen – bewusst – zu ober-flächlich gehalten, viele Fragen und Probleme sind – ebenso bewusst – nur gestreift, zumindest nicht so tiefgehend behandelt worden, wie es Lehrbücher in der Regel tun oder zumindest tun sollten. Jeder Aspekt, der hier nur auf wenigen Seiten behandelt worden ist, könnte problemlos auf einem Vielfachen dieser Seitenzahl bearbeitet wer-den, und dabei immer noch unvollständig bleiben; einige Themen (wie z.B. die Fragebogenentwicklung) böten genug Material für ein eigenes Buch.

Dieses Buch tat denn auch nur das, was es seiner Idee nach sollte: einen Überblick geben über Verfahren, Möglichkeiten und Probleme bei der Gewinnung von Umfragedaten, einen systematischen Abriss der Vorbereitung und Durchführung eines Umfrageprogramms in der Praxis und der Auswertung seiner Daten und Ergebnisse. Es soll Studierenden der Soziologie und Sozialforschern, die mit der Anlage, Realisierung und Verarbeitung einer Umfrage nicht oder nur wenig vertraut sind, Hilfestellung geben bei der Abarbeitung ihres spezifi-schen Forschungsprogramms, ohne ihnen in jedem Punkt erschöp-fende Auskünfte und Antworten zu geben. Vielleicht einem Lexikon vergleichbar, soll es erste weiterreichende und systematische Infor-mationen vermitteln, ohne dass interessierte Leser dann auf die Lek-türe spezifischer, tiefergehender Literatur zu dem jeweiligen Schlag-wort des Lexikons verzichten könnten. Gerade für weniger erfahrene Sozialforscher, auch Studierende, könnte es einen Einstieg in die Umfrageforschung darstellen, eine Grundlage, von der aus spezifi-sche Fragestellungen gezielt weiterverfolgt werden können.

Es sollte aber auch Lust auf Umfrageforschung und die Durchfüh-rung von Umfragen machen, Interesse wecken an einer Methode, die seit langem zum Einsatz kommt, wenn nach nicht direkt erkennbaren Informationen zu sozialen Tatbeständen geforscht werden soll, nach Informationen, die in den Köpfen von Personen vorhanden, ihnen äußerlich aber nicht anzusehen sind; man kann davon ausgehen, dass die Umfrage in der einen oder anderen Form ein „Königsweg" in den Sozialwissenschaften bleiben wird.

Dennoch: der „Königsweg" hat seine Schwächen, bringt Probleme mit sich; einige davon aufzuzeigen, sollte mit diesem Buch ebenfalls geleistet werden. Wer sich in wissenschaftlich angemessener Weise mit Umfragedaten beschäftigen will, muss wissen, wie sie zustandekommen und wie man sie verarbeitet, muss die Probleme kennen, die mit der Datenerhebung verbunden sind, ebenso wie die Probleme bei der Auswertung der erhobenen Daten. Erst dieses Wissen macht Umfragedaten handhabbar und ermöglicht Kritik. Um beides – die Nutzung von Umfragedaten und die Sensibilisierung gegenüber ihren Ergebnissen – zu fördern, ist eine Orientierungshilfe, wie sie mit diesem Buch gegeben wird, mindestens nützlich, vielleicht sogar notwendig.

Der Vorteil des Buches gegenüber gängigen Lehrbüchern – ohne deren Bedeutung pauschal oder im Einzelfall herabwürdigen zu wollen – liegt (neben der Tatsache, dass sein Autor sowohl als Umfrageforscher wie auch als Umfrager tätig ist und viel Erfahrung aus der Forschungspraxis einbringen kann, beide Seiten also gut kennt) sicherlich auch darin, dass es sich auf den ALLBUS stützen kann, ein „öffentliches" Forschungsprogramm der Umfrageforschung, dessen Realisierung in jeder Phase offengelegt, damit nachvollziehbar und kritisierbar ist.

Eine Schwierigkeit bei der Ausarbeitung dieses Buches lag sicher darin, dass zwei Problemfelder zu thematisieren waren, die auf den ersten Blick nicht unbedingt vereinbar scheinen. Auf der einen Seite wurde beschrieben, wie ein Forschungsprogramm im Rahmen der Umfrageforschung in der Praxis realisiert wird und welche Probleme dabei auftreten (können). Auf der anderen Seite, dies scheint der Widerspruch zu sein, wird – wegen des Bezugs zum ALLBUS – die Sekundäranalyse von Umfragedaten stark betont. Man erfährt also zunächst, wie man empirische Umfrageprojekte realisiert und wird dann auf die Sekundäranalyse von Umfragedaten verwiesen.

Der Widerspruch ist – wie gesagt – nur scheinbar und löst sich auf, das soll noch einmal betont werden, über den wissenschaftlich angemessenen Umgang mit durch Dritte erhobenen Umfragedaten. Dieser setzt voraus, dass man nicht nur Daten analysieren, sondern sich auch kritisch mit ihnen auseinandersetzen kann. Der kritische Umgang mit Umfragedaten macht Wissen erforderlich über die Verfahren und Probleme bei ihrem Zustandekommen; dies impliziert generell die Forderung nach Veröffentlichung des Forschungsweges, nicht alleine der Ergebnisse. Datenanalyse losgelöst von Wissen über die Datenerhebung und ohne Sensibilität für Datenerhebungsprobleme birgt die Gefahr blauäugiger Datengläubigkeit. Alles andere als diese kann im Interesse derjenigen liegen, die ernsthaft bemüht sind, sozialwissenschaftliche Umfragen als ein Verfahren weiter zu entwickeln, das nicht alleine zum Füllen von Archiven und Bücherregalen und zur Förderung individueller akademischer Karrieren geeignet ist, sondern über einen kenntnisreichen und sachgemäßen Umgang mit ihren Ergebnissen durch Wissenschaftler, Medien und politische Akteure zu einem Instrument der gesellschaftlichen Dauerbeobachtung und damit politischen Planung reifen kann. Sozialwissenschaftliche Umfragen sind ein öffentliches Gut, und in dieser Funktion können sie umso wirksamer werden, je besser, je professioneller sie vorbereitet, durchgeführt und ausgewertet werden.

Literatur

Methodenberichte zu den ALLBUS-Umfragen

ALLBUS 1980

Brückner, Erika; Kirschner, Hans Peter; Porst, Rolf; Prüfer, Peter; Schmidt, Peter: Allgemeine Bevölkerungsumfrage der Sozialwissenschaften – ALLBUS 1980 (Nationaler Sozialer Survey). ZUMA-Arbeitsbericht 81/07, 1982.

ALLBUS 1982

Hagstotz, Werner; Kirschner, Hans-Peter; Porst, Rolf; Prüfer, Peter: Methodenbericht Allgemeine Bevölkerungsumfrage der Sozialwissenschaften – ALLBUS 1982. ZUMA-Arbeitsbericht 82/21, 1983.

ALLBUS 1984

Porst, Rolf; Prüfer, Peter; Wiedenbeck, Michael; Zeifang, Klaus: Methodenbericht Allgemeine Bevölkerungsumfrage der Sozialwissenschaften (ALLBUS) 1984. ZUMA-Arbeitsbericht 85/03, 1985.

ALLBUS 1986

Erbslöh, Barbara; Wiedenbeck, Michael: Methodenbericht Allgemeine Bevölkerungsumfrage der Sozialwissenschaften – ALLBUS 1986. ZUMA-Arbeitsbericht 87/04, 1987.

ALLBUS 1988

Braun, Michael; Trometer, Reiner; Wiedenbeck, Michael: Methodenbericht Allgemeine Bevölkerungsumfrage der Sozialwissenschaften – ALLBUS 1988. ZUMA-Arbeitsbericht 89/02, 1989.

ALLBUS 1990

Wasmer, Martina; Koch, Achim; Wiedenbeck, Michael: Methodenbericht zur „Allgemeinen Bevölkerungsumfrage der Sozialwissenschaften" (ALLBUS) 1990. ZUMA-Arbeitsbericht 91/13, 1991.

ALLBUS 1992

Braun, Michael; Eilinghoff, Carmen; Gabler, Siegfried; Wiedenbeck, Michael: Methodenbericht zur „Allgemeinen Bevölkerungsumfrage der Sozialwissenschaften" (ALLBUS) 1992. ZUMA-Arbeitsbericht 93/01, 1993.

ALLBUS 1994

Koch, Achim; Gabler, Siegfried; Braun, Michael: Konzeption und Durchführung der „Allgemeinen Bevölkerungsumfrage der Sozialwissenschaften" (ALLBUS) 1994. ZUMA-Arbeitsbericht 94/11, 1994.

ALLBUS 1996

Wasmer, Martina; Koch, Achim; Harkness, Janet; Gabler, Siegfried: Konzeption und Durchführung der „Allgemeinen Bevölkerungsumfrage der Sozialwissenschaften" (ALLBUS) 1996. ZUMA-Arbeitsbericht 96/08, 1996.

ALLBUS 1998

Koch, Achim; Kurz, Karin; Mahr-George, Holger; Wasmer, Martina: Konzeption und Durchführung der „Allgemeinen Bevölkerungsumfrage der Sozialwissenschaften" (ALLBUS) 1998. ZUMA-Arbeitsbericht 99/02, 1999.

Literatur

*ADM – Arbeitskreis Deutscher Marktforschungsinstitute (*Hg): Muster-Stichproben-Pläne. München: Verlag Moderne Industrie 1979.
*ADM – Arbeitskreis Deutscher Markt- und Sozialforschungsinstitute (*Hg.): Zahlen über den Markt für Marktforschung. Frankfurt am Main: ADM 1997.
*ADM – Arbeitskreis Deutscher Markt- und Sozialforschungsinstitute (*Hg): Zahlen über den Markt für Marktforschung. Frankfurt am Main: ADM: 1998.
Alemann, Heine von: Der Forschungsprozeß. Eine Einführung in die Praxis der empirischen Sozialforschung. Stuttgart: Teubner 1984, 2. Auflage.
Allerbeck, Klaus; Hoag, Wendy: Zur Methodik der Umfragen. Frankfurt am Main: Johann Wolfgang von Goethe-Universität 1985.
Allport, Gordon W.: The Nature of Prejudice. Cambridge, Mass.: Addison Wesley 1954.
Amir, Yehuda: Contact Hypothesis in Ethnic Relations. In: Psychological Bulletin 71, 5, 1969, S. 319–342.

Anders, Manfred: Sinkende Ausschöpfungsquoten – und was man dagegen tun kann. In: *Kaase, Max; Küchler, Manfred* (Hg.): Herausforderungen der empirischen Sozialforschung. Beiträge aus Anlaß des zehnjährigen Bestehens des Zentrums für Umfragen, Methoden und Analysen. Mannheim: ZUMA 1985, S. 75–80.

Arbeitsgemeinschaft ADM-Stichproben und Bureau Wendt: Das ADM-Stichproben-System (Stand: 1993). In: *Gabler, Siegfried; Hoffmeyer-Zlotnik, Jürgen H.P.; Krebs, Dagmar* (Hg.): Gewichtung in der Umfragepraxis. Opladen: Westdeutscher Verlag 1994, S. 188–202.

Babbie, Earl R.: The Practice of Social Research. Belmont, CA: Wadsworth 1979.

Babl, Susanne: Mehr Unzufriedenheit mit der öffentlichen Sicherheit im vereinten Deutschland. Eine Zusammenstellung objektiver und subjektiver Indikatoren zur Kriminalität. In: Informationsdienst Soziale Indikatoren (ISI) 9. Mannheim: ZUMA 1993, S. 5–10.

Backhaus, Klaus; Erichson, Bernd; Plinke, Wulff; Weiber, Rolf: Multivariate Analysemethoden. Eine anwendungsorientierte Einführung. Berlin u.a.: Springer 1984, 7. Auflage.

Backstrom, Charles H.; Hursh-Cesar, Gerald: Survey Research. New York: John Wiley 1981, 2. Auflage.

Bailar, B.A.; Lanphier, C.: Development of Survey Methods to Assess Survey Practices. Washington D.C: American Statistical Association 1978.

Bandilla, Wolfgang: Stimmungsbilder nach der Wiedervereinigung. In: *Braun, Michael; Mohler, Peter Ph.* (Hg.): Blickpunkt Gesellschaft 3. Einstellungen und Verhalten der Bundesbürger. Opladen: Westdeutscher Verlag 1994, S. 9–14.

Bauer-Kaase, Petra: Germany in Transition: The Challenge of Coping With Unification. In: *Hancock, M. Donald; Welsh, Helga A.* (Hg.): German Unification: Process and Outcomes. Boulder, Colorado: Westview Press 1994, S. 285–311.

Blank, Thomas; Schwarzer, Stefan: Ist die Gastarbeiterskala noch zeitgemäß? Die Reformulierung einer ALLBUS-Skala. In: ZUMA-NACHRICHTEN 43. Mannheim: ZUMA 1994, S. 97–115.

Blaschke, Sabine: Interaktion im Interview. In: *Haller, Max; Holm, Kurt; Müller, Karl M.; Schulz, Wolfgang; Cyba, Eva* (Hg.): Österreich im Wandel. Werte, Lebensformen und Lebensqualität. Wien: Verlag für Geschichte und Politik 1996.

Blasius, Jörg: Subjektive Umweltwahrnehmung – eine Trendbeschreibung. In: *Braun, Michael; Mohler, Peter Ph.* (Hg.): Blickpunkt Gesellschaft 3. Einstellungen und Verhalten der Bundesbürger. Opladen: Westdeutscher Verlag 1994, S. 107–132.

Blasius, Jörg; Reuband, Karl-Heinz: Telefoninterviews in der empirischen Sozialforschung. Ausschöpfungsquoten und Antwortqualität. In: ZA-Information 37. Köln: ZA 1995, S. 64–87.

Bliesch, Uwe: Interviewer-Schulung, Interviewer-Kontrolle. Vortragsmanuskript. Wiesbaden: Statistisches Bundesamt 1997.

Böltken, Ferdinand: Auswahlverfahren. Eine Einführung für Sozialwissenschaftler. Stuttgart: Teubner 1976.

Bohrhardt, Ralf; Voges, Wolfgang: Zum Erklärungspotential unterschiedlich
klassifizierter Angaben in international vergleichenden Studien. Das Beispiel Variable „Beruf" in der empirischen Haushalts- und Familienfor-
schung. ZeS-Arbeitspapier Nr. 13/94, 1994.

Bohrnstedt, George W.; Mohler, Peter Ph.; Müller, Walter: An Empirical
Study of the Reliability and Stability of Survey Research Items. Special
Issue of: Sociological Methods and Research 15, Heft 3, 1987.

Bolte, Karl Martin; Kappe, Dieter; Neidhardt, Friedhelm: Soziale Ungleichheit. Opladen: Leske 1974.

Borg, Ingwer; Braun, Michael; Häder, Michael: Arbeitswerte in Ost- und
Westdeutschland: Unterschiedliche Gewichte, aber gleiche Struktur. In:
ZUMA-NACHRICHTEN 33. Mannheim: ZUMA 1993, S. 64–82.

Braun, Michael: Arbeitsplatzunsicherheit und die Bedeutung des Berufs. In:
Glatzer, Wolfgang; Noll, Heinz-Herbert (Hg.): Lebensverhältnisse in
Deutschland: Ungleichheit und Angleichung. Frankfurt/New York: Cam-
pus 1992, S. 75–88.

Braun, Michael: Einstellungen zur Berufstätigkeit der Frau: Steigende Zustimmung im Osten, Stagnation im Westen. In: Informationsdienst Soziale Indikatoren (ISI) 13, 1995, S. 6–9.

Braun, Michael; Alwin, Duane F.; Scott, Jacqueline: Wandel der Einstel-
lungen zur Rolle der Frau in Deutschland und den Vereinigten Staaten.
In: *Braun, Michael; Mohler, Peter Ph.* (Hg.): Blickpunkt Gesellschaft 3.
Einstellungen und Verhalten der Bundesbürger. Opladen: Westdeutscher
Verlag 1994, S. 151–173.

Braun, Michael; Bandilla, Wolfgang: Familie und Rolle der Frau. In: Statistisches Bundesamt (Hg.): Datenreport 1992. Zahlen und Fakten über
die Bundesrepublik Deutschland. Wiesbaden: Statistisches Bundesamt
1992, S. 594–601.

Braun, Michael; Mohler, Peter Ph.: Die Allgemeine Bevölkerungsumfrage
der Sozialwissenschaften (ALLBUS): Rückblick und Ausblick in die
neunziger Jahre. In: ZUMA-NACHRICHTEN 29, Mannheim: ZUMA
1991, S. 7–28.

Brückner, Erika: Telefonische Umfragen – Methodischer Fortschritt oder
erhebungsökoonomische Ersatzstrategie? In: *Kaase, Max; Küchler,
Manfred* (Hg.): Herausforderungen der Empirischen Sozialforschung.
Beiträge aus Anlaß des zehnjährigen Bestehens des Zentrums für Umfragen, Methoden und Analysen. Mannheim: ZUMA 1985, S. 66–70.

Brüderl, Joseph; Diekmann, Andreas: Bildung, Geburtskohorte und Hei-
ratsalter. Eine vergleichende Untersuchung des Heiratsverhaltens in
Westdeutschland, Ostdeutschland und den Vereinigten Staaten. In: Zeitschrift für Soziologie 23, 1994, S. 56–73.

Bühl, Achim; Zöfel, Peter: SPSS für Windows Version 7.5. Praxisorientierte Einführung in die moderne Datenanalyse. Bonn: Addison-Wesley-Longman 1998.

Cannell, Charles; Lawson, Sally A.; Hausser, Doris L.: A Technique for Evaluating Interviewer Performance. The University of Michigan, Survey Research Center, Institute for Social Research 1975.

Cannell, Charles; Kalton, Graham; Fowler, Floyd: Techniques for Diagnosing Cognitive and Affective Problems in Survey Questions. Ann Arbor: The University of Michigan, Survey Research Center, Institute for Sozial Research 1985.

Claessens, Dieter; Klönne, Arno; Tschoepe, Achim: Sozialkunde der Bundesrepublik. Düsseldorf, Köln: Diederichs 1973.

Converse, Jean M.: Strong Arguments and Weak Evidence: The Open/Closed Questionning Controverse of the 1940s. In: Public Opinion Quarterly 48, 1984, S. 267–282.

Converse, Jean M.; Presser, Stanley: Survey Questions. Handcrafting the Standardized Questionnaire. Beverly Hills: Sage 1986.

Cox, Eli P.: The Optimal Number of Response Alternatives for a Scale: A Review. In: Journal of Marketing Research 17, 1980, S. 407–422.

Daiber, Karl-Fritz: Religion unter den Bedingungen der Moderne. Die Situation in der Bundesrepublik Deutschland. Marburg: Diagonal Verlag 1995.

De Leeuw, Edith; van der Zouwen, Johannes: Data Quality in Telephone and Face to Face Surveys. A Comparative Meta-Analysis. In: *Groves, Robert M. u.a.* (Hg.): Telephone Survey Methodology. New York: Wiley 1988, S. 283–300.

Diekmann, Andreas: Empirische Sozialforschung. Grundlagen, Methoden, Anwendungen. Reinbek bei Hamburg: Rowohlt Taschenbuch Verlag 1995.

Dillman, Don A.: Mail and Telephone Surveys. The Total Design Method. New York: Wiley & Sons 1978.

Dorroch, Heiner: Der Meinungsmacher-Report. Wie Umfrageergebnisse entstehen. Göttingen: Steidl 1994.

Duncan, Otis D.: Toward Social Reporting – Next Steps. New York: Russell Sage 1969.

Erbslöh, Barbara; Koch, Achim: Die Non-Response-Studie zum ALLBUS 1986. Problemstellung, Design, erste Ergebnisse. In: ZUMA-NACHRICHTEN 22, Mannheim: ZUMA 1988, S. 29–44.

Esser, Hartmut: Aspekte der Wanderungssoziologie. Darmstadt, Neuwied: Luchterhand 1980.

Esser, Hartmut; Grohmann, Heinz; Müller, Walter; Schäffer, Karl-August: Mikrozensus im Wandel. Untersuchungen und Empfehlungen zur inhaltlichen und methodischen Gestaltung. Bericht des Wissenschaftlichen Beirats für Mikrozensus und Volkszählung. Frankfurt am Main, Köln, Mannheim 1989.

Faulbaum, Frank: Ergebnisse der Methodenstudie zur internationalen Vergleichbarkeit von Einstellungsskalen in der Allgemeinen Bevölkerungsumfrage der Sozialwissenschaften (ALLBUS) 1982. ZUMA-Arbeitsbericht 84/04. Mannheim: ZUMA 1984.

Feldkircher, Martin: Erziehungsziele in West- und Ostdeutschland. In: *Braun, Michael; Mohler, Peter Ph.* (Hg.): Blickpunkt Gesellschaft 3. Einstellungen und Verhalten der Bundesbürger. Opladen: Westdeutscher Verlag 1994, S. 175–208.

Fowler, Floyd J.: How Unclear Terms Affect Survey Data. In: Public Opinion Quarterly 56, 1992, S. 218–231.

Frey, James H.: Survey Research by Telephone. Beverly Hills: Sage 1983.

Frey, James H.; Kunz, Gerhard; Lüschen, Günther: Telefonumfragen in der Sozialforschung. Opladen: Westdeutscher Verlag 1990.

Friedrichs, Jürgen: Methoden empirischer Sozialforschung. Opladen: Westdeutscher Verlag 1990, 14. Auflage.

Fuchs, Marek: Umfrageforschung mit Telefon und Computer. Einführung in die computergestützte telefonische Befragung. Weinheim: Psychologie Verlags Union 1994.

Fuchs, Marek: Die computergestützte telefonische Befragung. Antworten auf Probleme der Umfrageforschung? In: Zeitschrift für Soziologie 24, 4, 1995, S. 284–299.

Fürstenberg, Friedrich: Die Sozialstruktur der Bundesrepublik Deutschland. Opladen: Westdeutscher Verlag 1978, 6. Auflage.

Gabler, Siegfried: Ost-West-Gewichtung der Daten der ALLBUS-Baseline-Studie 1991 und des ALLBUS 1992. In: ZUMA-NACHRICHTEN 35. Mannheim: ZUMA 1994, S. 77–81.

Gabler, Siegfried: Repräsentativität von Stichproben. In: *Goebl, Hans; Nelde, Peter H.; Starý, Zdenek; Wölck, Wolfgang* (Hg.): Kontaktlinguistik. Contact Linguistics. Linquistique de contact. Ein Internationales Handbuch zeitgenössischer Forschung. 1. Halbband. Berlin, New York: de Gruyter 1996, S. 733–737.

Gabler, Siegfried; Rimmelspacher, Birgit: Korrespondenzanalyse von Arbeitswerten in Ost- und Westdeutschland. In: ZUMA-Nachrichten 34. Mannheim: ZUMA 1994, S. 83–96.

Gabler, Siegfried; Häder, Sabine; Hoffmeyer-Zlotnik, Jürgen H.P. (Hg.): Telefonstichproben in Deutschland. Opladen: Westdeutscher Verlag 1998.

Gabler, Siegfried; Häder, Sabine: Generierung von Telefonstichproben mit TelsuSa. In: ZUMA-NACHRICHTEN 44. Mannheim 1999, S. 138-148.

Geißler, Rainer (Hg.): Soziale Schichtung und Lebenschancen in Deutschland. Stuttgart: Enke 1994.

Gensicke, Thomas: Vom Staatsbewußtsein zur Oppositions-Ideologie. DDR-Identität im vereinten Deutschland. In: *Knoblich, Axel; Antonio, Peter; Natter, Erik* (Hg.): Auf dem Weg zu einer gesamtdeutschen Identität. Köln: Verlag Wissenschaft u. Politik 1993, S. 49–65.

Gorges, Irmela: Empirische Sozialforschung (Geschichte). In: *Reinhold, Gerd* (Hg.): Soziologielexikon. München: R. Oldenbourg Verlag 1992, 2. Auflage, S. 125–129.

Grice, H. Paul: Logic and Conversation. In: *Cole, P.; Morgan, J. L.* (Hg.): Syntax and Semantics 3: Speech Acts. New York: Academic Press 1975, S. 41–58.

Groves, Robert M.: Actors and Questions in Telephone and Personal Interview Surveys. In: Public Opinion Quarterly 43, 1979, S. 190–205.

Groves, Robert M.: Survey Errors and Survey Costs. New York: Wiley 1989.

Groves, Robert M.: Theories and Methods of Telephone Surveys. In: Annual Review of Sociology 16, 1990, S. 221–240.

Häder, Michael: Einstellungen und Verhaltensweisen der Bundesbürger zu HIV und AIDS. In: *Braun, Michael; Mohler, Peter Ph.* (Hg.): Blickpunkt Gesellschaft 3. Einstellungen und Verhalten der Bundesbürger. Opladen: Westdeutscher Verlag 1994, S. 239–260.

Häder, Sabine; Gabler, Siegfried: Ein neues Stichprobendesign für telefonische Umfragen in Deutschland. In: *Gabler, Siegfried; Häder, Sabine; Hoffmeyer-Zlotnik, Jürgen H.P.* (Hg.): Telefonstichproben in Deutschland. Opladen: Westdeutscher Verlag 1998, S. 69-88.

Häußermann, Hartmut; Küchler, Manfred: Wohnen und Wählen. Zum Einfluß von Hauseigentum auf die Wahlentscheidung. In: Zeitschrift für Soziologie 22, 1993, S. 33–48.

Hagstotz, Werner: Die Bedeutung des zeitlichen Erhebungskontextes bei Umfragedaten: Das Beispiel Falklandkrieg. In: ZUMA-NACHRICHTEN 12. Mannheim: ZUMA 1983, S. 31–37.

Hartmann, Peter: Wie repräsentativ sind Bevölkerungsumfragen? Ein Vergleich des ALLBUS und des Mikrozensus. In: ZUMA-NACHRICHTEN 26. Mannheim: ZUMA 1990, S. 7–30.

Hartmann, Peter; Schimpl-Neimanns, Bernhard: Sind Sozialstrukturanalysen mit Umfragedaten möglich? Analysen zur Repräsentativität einer Sozialforschungsumfrage. In: Kölner Zeitschrift für Soziologie und Sozialpsychologie 44, 1992, S. 315–340.

Hartmann, Petra: Interviewing when the spouse is present. In: International Journal of Puplic Opinion Research 6, 3, 1994, S. 298–306.

Hartmann, Petra: Response Behavior in Interview Settings of Limited Privacy. In: International Journal of Puplic Opinion Research 7, 4, 1995, S. 383–390.

Hippler, Hans-Jürgen; Beckenbach, Andreas: Das persönlich-mündliche Interview am Scheideweg. In: Planung und Analyse 19, 5, 1992, S. 44–52.

Hippler, Hans-Jürgen; Schwarz, Norbert: Die Telefonbefragung im Vergleich mit anderen Befragungsarten. In: Forschungsgruppe Telekommunikation (Hg.): Telefon und Gesellschaft. Bd. 2, Berlin: V. Spiess 1990, S. 437–447.

Hippler, Hans-Jürgen; Schwarz, Norbert; Sudman, Seymour: Social Information Processing and Survey Methodology. New York: Springer 1987.

Hoffmann-Nowotny, Hans-Joachim (Hg.): Soziale Indikatoren. Internationale Beiträge zu einer neuen praxisorientierten Forschungsrichtung. Frauenfeld und Stuttgart: Huber 1976.

Hoffmeyer-Zlotnik, Jürgen H.P.: Erfassung von Wohnquartiersvariablen – ein Mittel zur soziologischen Zuordnung der Wohnbevölkerung. In: *Mayer, Karl Ulrich; Schmidt, Peter* (Hg.): Allgemeine Bevölkerungsumfrage der Sozialwissenschaften. Beiträge zu methodischen Problemen des ALLBUS 1980. Frankfurt und New York: Campus 1984, S. 183–214.

Hoffmeyer-Zlotnik, Jürgen H.P.: Die Einstellung der Bundesdeutschen zu den „Fremden". In: *Glatzer, Wolfgang* (Hg.): 25. Deutscher Soziologentag. Die Modernisierung moderner Gesellschaften. Opladen: Westdeutscher Verlag 1991, S. 492–494.

Hoffmeyer-Zlotnik, Jürgen H.P.: Random-Route-Stichproben nach ADM. In: *Gabler, Siegfried; Hoffmeyer-Zlotnik, Jürgen H.P.* (Hg.): Stichproben in der Umfragepraxis. Opladen: Westdeutscher Verlag 1997, S. 33–42.

Hradil, Stefan: Die „Single-Gesellschaft". Perspektiven und Orientierungen. Schriftenreihe des Bundeskanzleramtes Band 17. München: Verlag C.H. Beck 1995.

Hyman, Herbert: Interviewing in Social Research. Chicago: University of Chicago Press 1954.

Ingimundarson, S.M.: Ausländerfeindlichkeit in der Bundesrepublik Deutschland. Genese des Problems und seiner wissenschaftlichen Rezeption. Bamberg: Diplomarbeit 1992.

Janssen, Jürgen; Wilfried Laatz: Statistische Datenanalyse mit SPSS für WINDOWS. Berlin, Heidelberg, New York: Springer 1996.

Jaufmann, Dieter; Pfaff, Martin; Kistler, Ernst: Die Bundesdeutschen und die Erwerbsarbeit – Eine gespaltene Gesellschaft nach der Vereinigung? In: *Dathe, Dietmar* (Hg.): Wege aus der Krise der Arbeitsgesellschaft. Beiträge und Ergebnisse der 4. Tagung „Sozialunion in Deutschland". Veranstaltet von der Hans-Böckler-Stiftung und dem Sozialwissenschaftlichen Forschungszentrum Berlin-Brandenburg e.V. Berlin: GSFP 1995, S. 25–42.

Jobe, Jared B.; Loftus, Elizabeth F. (Hg.): Cognition and Survey Measurement. Special Issue of Applied Cognitive Psychology 5, 3, 1991.

Jordan, L.A.; Marcus, A.C.; Reeder, L.G.: Response Styles in Telephone and Household Interviewing: A Field Experiment. In: Public Opinion Quarterly 44, 2, 1980, S. 210–222.

Kaase, Max; Ott, Werner; Scheuch, Erwin K. (Hg.): Empirische Sozialforschung in der modernen Gesellschaft. Frankfurt: Campus 1983.

Karmasin, Fritz; Karmasin, Helene: Einführung in Methoden und Probleme der Umfrageforschung. Wien, Köln, Graz: Hermann Böhlaus Nachf. 1978.

Kerlinger, Fred N.: Foundations of Behavioral Research. New York: Holt, Rinehart und Winston 1965.

Kern, Horst: Empirische Sozialforschung. Ursprünge, Ansätze, Entwicklungslinien. München: C.H. Beck'sche Verlagsbuchhandlung (Oscar Beck) 1982.

Kirschner, Hans-Peter: ALLBUS 1980: Stichprobenplan und Gewichtung. In: *Mayer, Karl Ulrich; Schmidt, Peter* (Hg.): Allgemeine Bevölkerungsumfrage der Sozialwissenschaften. Beiträge zu methodischen Problemen des ALLBUS 1980. Frankfurt und New York: Campus 1984, S. 114–182.

Klek, Daniela: Religiosität und sozialer Status. Universität zu Köln 1993.

Klemm, Elmar: Computerunterstützte Datenerfassung. Handbuch für computerunterstützte Datenanalyse, Bd. 7. Stuttgart, Jena: Gustav Fischer 1994.

Koch, Achim: Staatliche Eingriffe in die Wirtschaft im Osten hoch im Kurs. In: Informationsdienst Soziale Indikatoren (ISI) 6. Mannheim: ZUMA 1991, S. 1–5.

Koch, Achim: Religiosität und Kirchlichkeit in Deutschland. In: *Mohler, Peter Ph.; Bandilla, Wolfgang* (Hg.): Blickpunkt Gesellschaft 2. Einstellungen und Verhalten der Bundesbürger in Ost und West. Opladen: Westdeutscher Verlag 1992a, S. 141–154.

Koch, Achim: Kirche und Religion. In: Statistisches Bundesamt (Hg.): Datenreport 1992. Zahlen und Fakten über die Bundesrepublik Deutschland. Wiesbaden: Statistisches Bundesamt 1992b, S. 602–611.

Koch, Achim: Sozialer Wandel als Artefakt unterschiedlicher Ausschöpfung? Zum Einfluß von Veränderungen der Ausschöpfungsquote auf die Zeitreihen des ALLBUS. In: ZUMA-NACHRICHTEN 33. Mannheim: ZUMA 1993, S. 83–113.

Koch, Achim: Einstellungen zur Legalisierung des Schwangerschaftsabbruchs. In: *Braun, Michael; Mohler, Peter Ph.* (Hg.): Blickpunkt Gesellschaft 3. Einstellungen und Verhalten der Bundesbürger. Opladen: Westdeutscher Verlag 1994, S. 209–235.

Koch, Achim: Gefälschte Interviews: Ergebnisse der Interviewerkontrolle beim ALLBUS 1994 In: ZUMA-NACHRICHTEN 36. Mannheim: ZUMA 1995, S. 89–105.

Koch, Achim: Teilnahmeverhalten beim ALLBUS 1994. Soziodemographische Determinanten von Erreichbarkeit, Befragungsfähigkeit und Kooperatonsbereitschaft. In: Kölner Zeitschrift für Soziologie und Sozialpsychologie 49, 1997a, S. 98–122.

Koch, Achim: ADM-Design und Einwohnermelderegister-Stichprobe. Stichprobenverfahren bei mündlichen Bevölkerungsumfragen. In: *Gabler, Siegfried; Hoffmeyer-Zlotnik, Jürgen H.P.* (Hg.): Stichproben in der Umfragepraxis. Opladen: Westdeutscher Verlag 1997b, S. 99–116.

Krauth, Cornelia; Porst, Rolf: Sozioökonomische Determinanten von Einstellungen zu Gastarbeitern. In: *Mayer, Karl Ulrich; Schmidt, Peter* (Hg.): Allgemeine Bevölkerungsumfrage der Sozialwissenschaften. Beiträge zu methodischen Problemen des ALLBUS 1980. Frankfurt und New York: Campus 1994, S. 233–266.

Krech, David; Crutchfield, Richard S.: Theory and Problems of Social Psychology. New York: McGraw Hill 1948.

Kromrey, Helmut: Empirische Sozialforschung – Modelle und Methoden der Datenerhebung. Studienbrief 3607 der FernUniversität Hagen 1991.

Krug, Walter; Nourney, Martin: Wirtschafts- und Sozialstatistik: Gewinnung von Daten. München 1982.

Küchler, Manfred: Germans and „Others": Racism, Xenophobia, or „Legitimate Conservatism". In: German Politics 3, 1994, S. 47–74.

Kühnel, Steffen; Terwey, Michael: Gestörtes Verhältnis? Die Einstellungen der Deutschen zu Ausländern in der Bundesrepublik. In: *Braun, Michael; Mohler, Peter Ph.* (Hg.): Blickpunkt Gesellschaft 3. Einstellungen und Verhalten der Bundesbürger. Opladen: Westdeutscher Verlag 1994, S. 71–105.

Kury, Helmut; Obergfell-Fuchs, Joachim: Kriminalität Jugendlicher in Ost und West. Auswirkungen gesellschaftlicher Umwälzungen auf psychisches Erleben und Einstellungen. In: *Lamnek, Siegfried* (Hg.): Jugend und Gewalt: Devianz und Kriminalität in Ost und West. Opladen: Leske und Budrich 1995, S. 291–314.

Kurz, Karin; Blohm, Michael: ALLBUS-Bibliographie. 14. Fassung, Stand: Juli 1996. ZUMA-Arbeitsbericht 97/03. Mannheim: ZUMA 1997.

Landgrebe, Klaus Peter: Ausschöpfungen. In: Planung und Analyse, Heft 2, 1992, S. 19–22.

Lazarsfeld, Paul F.: The Controversy over Detailed Interviews – An Offer for Negotiation. Public Opinion Quarterly 8, 1944, S. 38–60.

Lepsius, M. Rainer: Die Entwicklung der Soziologie nach dem Zweiten Weltkrieg: 1945 – 1967. In: *Lüschen, Günther* (Hg.): Deutsche Soziologie seit 1945. Entwicklungsrichtungen und Praxisbezug. Sonderheft 21 der Kölner Zeitschrift für Soziologie und Sozialpsychologie. Opladen: Westdeutscher Verlag 1979, S. 25–70.

Lessler, Judith T.; Kalsbeek, William D.: Nonsampling Errors in Surveys. New York: John Wiley 1992.

Liedke, Andreas: Indexbildung aus ALLBUS-Fragen am Beispiel konservativer Werthaltungen. Gesamthochschule Wuppertal 1994.

Lüttinger, Paul; Riede, Thomas: Der Mikrozensus. Amtliche Daten für die Sozialforschung. In: ZUMA-NACHRICHTEN 41. Mannheim: ZUMA 1997, S. 19–43.

Maus, Heinz: Zur Vorgeschichte der empirischen Sozialforschung. In: *König, René* (Hg.): Handbuch der empirischen Sozialforschung, Band 1. Stuttgart: Enke 1973, Dritte Auflage, S. 21–56.

Mayer, Karl Ulrich: Soziale Mobilität. In: *Wiehn, Erhard R.; Mayer, Karl Ulrich:* Soziale Schichtung und Mobilität. Eine kritische Einführung. München: C. H. Beck 1975, S. 122–186.

Mayer, Karl Ulrich: Zur Einführung: Die Allgemeine Bevölkerungsumfrage der Sozialwissenschaften als eine Mehrthemen-Wiederholungsbefragung. In: *Mayer, Karl Ulrich; Schmidt, Peter* (Hg.): Allgemeine Bevölkerungsumfrage der Sozialwissenschaften. Beiträge zu methodischen Problemen des ALLBUS 1980. Frankfurt und New York: Campus 1984, S. 11–25.

Mayntz, Renate; Holm, Kurt; Hübner, Peter: Einführung in die Methoden der empirischen Soziologie. Opladen: Westdeutscher Verlag 1971.

Melbeck, Christian: Familien- und Haushaltsstruktur in Ost- und Westdeutschland. In: *Mohler, Peter Ph.; Bandilla, Wolfgang* (Hg.): Blickpunkt Gesellschaft 2. Einstellungen und Verhalten der Bundesbürger in Ost und West. Opladen: Westdeutscher Verlag 1992, S. 109–126.

Mohler, Peter Ph.: Positive wirtschaftliche Entwicklung erwartet. Das subjektive Wirtschaftsklima in Deutschland. In: Informationsdienst Soziale Indikatoren (ISI) 7. Mannheim: ZUMA 1992, S. 7–9.

Molenaar, Nico J.: Response Effects of Formal Characteristics of Questions. In: *Dijkstra, Will; van der Zouwen, Johannes* (Hg.): Response Behavior in the Survey Interview. New York: Academic Press 1982, S. 49–89.

Müller, Walter; Haun, Dietmar: Bildungsexpansion und Bildungsungleichheit. In: *Glatzer, Wolfgang* (Hg.): Einstellungen und Lebensbedingungen in Europa. Frankfurt, New York: Campus 1993, S. 225–268.

Müller, Walter; Haun, Dietmar: Bildungsungleichheit im sozialen Wandel. In: Kölner Zeitschrift für Soziologie und Sozialpsychologie 46, 1994, S. 1–42.

Müller, Walter; Steinmann, Susanne; Ell, Renate: Education and Labour Market Entry in Germany. Conference on Educational Qualifications and Occupational Destinations. March 23-25. Florence, European University Institute 1995.

Noelle, Elisabeth: Umfragen in der Massengesellschaft. Hamburg: Rowohlt 1963.

Noelle-Neumann, Elisabeth: Die Fragebogenkonferenz. In: Statistisches Bundesamt, Pretest und Weiterentwicklung von Fragebogen. Band 9 der Schriftenreihe Spektrum Bundesstatistik. Wiesbaden: Statistisches Bundesamt 1996, S. 55–65.

Noelle-Neumann, Elisabeth; Petersen, Thomas: Alle, nicht jeder. Einführung in die Methoden der Demoskopie. München: Deutscher Taschenbuch Verlag 1996.

Noll, Heinz-Herbert: Indikatoren des subjektiven Wohlbefindens: Instrumente für die gesellschaftliche Dauerbeobachtung und Sozialberichterstattung? ZUMA-NACHRICHTEN 24. Mannheim: ZUMA 1989, S. 26–41.

Noll, Heinz-Herbert: Zur Legitimität sozialer Ungleichheit in Deutschland: Subjektive Wahrnehmungen und Bewertungen. In: *Mohler, Peter Ph.; Bandilla, Wolfgang* (Hg.): Blickpunkt Gesellschaft 2. Einstellungen und Verhalten der Bundesbürger in Ost und West. Opladen: Westdeutscher Verlag 1992, S. 1–20.

Noll, Heinz-Herbert: Ungleichheit der Lebenslagen und ihre Legitimation im Transformationsprozeß: Fakten, Perzeptionen und Bewertungen. In: *Clausen, Lars* (Hg.) Gesellschaften im Umbruch. Kongreßband I zum 27. Kongreß der DGS in Halle, 3.-7. April 1995.

Noll, Heinz-Herbert; Friedrich Schuster: Soziale Ungleichheit: Strukturen und subjektive Bewertung. In: Statistisches Bundesamt (Hg.): Datenreport 1992. Zahlen und Fakten über die Bundesrepublik Deutschland. Wiesbaden: Statistisches Bundesamt 1992a, S. 536–545.

Noll, Heinz-Herbert; Wiegand, Erich (Hg.): System sozialer Indikatoren für die Bundesrepublik Deutschland – Zeitreihen 1950 – 1990. Tabellenband. Mannheim: ZUMA 1993.

Noll, Heinz-Herbert; Zapf, Wolfgang: Social Indicators Research: Social Monitoring and Social Reporting. In: *Borg, Ingwer; Mohler, Peter Ph.* (Hg.): Trends and Perspectives in Empirical Social Research. Berlin und New York: de Gruyter 1994, S. 1–16.

Oksenberg, Lois; Cannell, Charles; Kalton, Graham: New Strategies for Pretesting Survey Questions. In: Journal of Official Statistics 7, 1991, S. 349–365.

Pappi, Franz Urban: Sozialstrukturanalysen mit Umfragedaten. Probleme der standardisierten Erfassung von Hintergrundsmerkmalen in allgemeinen Bevölkerungsumfragen. Königstein/Ts.: Athenäum 1979.

Parten, Mildred: Surveys, Polls, and Samples. New York: Harper und Row 1950.

Payne, Stanley L.: The Art of Asking Questions. Princeton: University Press 1951.

Phillips, Derek L.: Knowledge from What? Chicago: Rand McNally 1971.

Porst, Rolf: ALLBUS-Bibliographie (1. Fassung, Stand: 30. 06. 1982). ZUMA-Arbeitsbericht Nr. 82/15. Mannheim: ZUMA 1982.

Porst, Rolf: Praxis der Umfrageforschung. Erhebung und Auswertung sozialwissenschaftlicher Umfragedaten. Stuttgart: Teubner 1985.

Porst, Rolf: Ausfälle und Verweigerungen bei einer telefonischen Befragung. ZUMA-Arbeitsbericht 91/10. Mannheim: ZUMA 1991.

Porst, Rolf: Ausschöpfungen bei sozialwissenschaftlichen Umfragen. Annäherung aus der ZUMA-Perspektive. ZUMA-Arbeitsbericht 93/12. Mannheim: ZUMA 1993.

Porst, Rolf: Fragebogenerstellung. In: *Goebl, Hans; Nelde, Peter H.; Starý, Zdenek; Wölck, Wolfgang* (Hg.): Kontaktlinguistik. Contact Linguistics. Linguistique de contact. Ein Internationales Handbuch zeitgenössischer Forschung. 1. Halbband. Berlin, New York: de Gruyter 1996a, S. 737–744.

Porst, Rolf: Ausschöpfungen bei sozialwissenschaftlichen Umfragen. Die Sicht der Institute. ZUMA-Arbeitsbericht 96/07. Mannheim: ZUMA 1996b.

Porst, Rolf; Schneid, Michael: Ausfälle und Verweigerungen bei Panelbefragungen – ein Beispiel. ZUMA-Arbeitsbericht 88/12. Mannheim: ZUMA 1988.

Porst, Rolf; Schneid, Michael; van Brouwershaven, Jan Willem: Computer-Assisted Interviewing in Social and Market Research. In: *Borg, Ingwer; Mohler, Peter Ph.* (Hg.): Trends and Perspectives in Empirical Social Research. Berlin und New York: de Gruyter 1994, S. 79–98.

Presser, Stanley; Blair, Johnny: Survey Pretesting: Do Different Methods Produce Different Results? In: Sociological Methodology 23, 1994, S. 73–104.

Prüfer, Peter; Rexroth, Margrit: Zur Anwendung der Interaction Coding-Technik. In: ZUMA-NACHRICHTEN 17, 1985, S. 2–49.

Prüfer, Peter; Rexroth, Margrit: Verfahren zur Evaluation von Survey-Fragen. ZUMA-Arbeitsbericht 96/05. Mannheim: ZUMA 1996.

Reimers, Brigitte: Religiosität von Frauen und Männern in der Bundesrepublik Deutschland. Eine Sekundäranalyse der ALLBUS-Basisumfrage 1991. Diplomarbeit. Universität zu Köln 1993.

Reuband, Karl-Heinz: Objektive und subjektive Bedrohung durch Kriminalität. Ein Vergleich der Kriminalitätsfurcht in der Bundesrepublik Deutschland und den USA 1965-1990. In: Kölner Zeitschrift für Soziologie und Sozialpsychologie 44, 1992a, S. 341–353.

Reuband, Karl-Heinz: Über das Streben nach Sicherheit und die Anfälligkeit der Bundesbürger für „Law and Order"-Kampagnen. Umfragebefunde im Trendvergleich. In: Zeitschrift für Soziologie 21, 1992b, S. 139–147.

Reuband, Karl-Heinz: Veränderungen in der Kriminalitätsfurcht. Eine Bestandsaufnahme empirischer Erhebungen. In: *Kaiser, Günther; Jehle, Jörg-Martin* (Hg.): Kriminologische Opferforschung (Teilband II). Heidelberg: Kriminalistik Verlag 1995, S. 37–53.

Roller, Edeltraud et al.: Bürger und Politik I. Grundlegende politische Orientierungen. In: Statistisches Bundesamt (Hg.): Datenreport 1992. Zahlen und Fakten über die Bundesrepublik Deutschland. Wiesbaden: Statistisches Bundesamt 1992a, S. 629–638.

Roller, Edeltraud et al.: Bürger und Politik II. Problemwahrnehmungen, Rolle des Staates und Akzeptanz der Demokratie. In: Statistisches Bundesamt (Hg.): Datenreport 1992. Zahlen und Fakten über die Bundesrepublik Deutschland. Wiesbaden: Statistisches Bundesamt 1992b, S. 639–648.

Roßteutscher, Sigrid: Politische Sozialisation und Partizipation. Analyse der Dimensionen und Bestimmungsgründe politischer Beteiligung in der Bundesrepublik Deutschland 1974-1990. Magisterarbeit. Universität Mannheim 1991.

Rothe, Günther: Gewichtungen zur Anpassung an Statusvariablen – Eine Untersuchung am ALLBUS 1986. ZUMA-Arbeitsbericht 89/21. Mannheim: ZUMA 1989.

Rothe, Günter: Wie (un)wichtig sind Gewichtungen? Eine Untersuchung am ALLBUS 1986. In: *Gabler, Siegfried; Hoffmeyer-Zlotnik, Jürgen; Krebs, Dagmar* (Hg.): Gewichtung in der Umfragepraxis. Opladen: Westdeutscher Verlag 1990, S. 62–87.

Rothe, Günther; Wiedenbeck, Michael: Stichprobengewichtung: Ist Repräsentativität machbar? In: ZUMA-NACHRICHTEN 21. Mannheim: ZUMA 1987, S. 43–58.

Saris, Willem E.: Computer-Assisted Interviewing. Newbury Park: Sage 1991.

Schäfers, Bernhard: Sozialstruktur und Wandel der Bundesrepublik Deutschland. Stuttgart: Enke 1981.

Schäfers, Bernhard: Gesellschaftlicher Wandel in Deutschland. Ein Studienbuch zur Sozialstruktur und Sozialgeschichte der Bundesrepublik. Stuttgart: Enke 1990, 5. Auflage.

Schanz, Volker; Schmidt, Peter: Interviewsituation, Interviewermerkmale und Reaktionen von Befragten im Interview: Eine multivariate Analyse. In: *Mayer, Karl Ulrich, Schmidt, Peter* (Hg.): Allgemeine Bevölkerungsumfrage der Sozialwissenschaften. Beiträge zu methodischen Problemen des ALLBUS 1980. Frankfurt und New York: Campus 1984, S. 72–113.

Scheuch, Erwin K.: Das Interview in der Sozialforschung. In: *König, René* (Hg.): Handbuch der empirischen Sozialforschung, Bd. 2. Stuttgart: Enke 1973, 3. Auflage, S. 66–190.

Scheuch, Erwin K.: Auswahlverfahren in der Sozialforschung. In: *König, René* (Hg.): Handbuch der empirischen Sozialforschung, Bd. 3a. Stuttgart: Enke 1974, 3. Auflage, S. 1–96.

Scheuch, Erwin K.; Roghmann, Klaus: Meinungsforschung. In: *Bernsdorf, Wilhelm* (Hg.): Wörterbuch der Soziologie. Frankfurt am Main: Fischer Taschenbuch Verlag 1972, S. 538–540.

Schimpl-Neimanns, Bernhard: Analysemöglichkeiten des Mikrozensus. In: ZUMA-NACHRICHTEN 42. Mannheim: ZUMA 1998, S. 91–119.

Schmidt, Peter: Soziale Wünschbarkeit, Aquieszenz und Methodeneffekte der Skalen im National Social Survey. ZUMA-Arbeitsbericht 80/06. Mannheim: ZUMA 1980.

Schnabel, Kai; Baumert, Jürgen; Röder, Peter M.: Wertewandel in Ost und West. Ein Vergleich von Jugendlichen und Erwachsenen in den neuen Bundesländern. In: *Trommsdorff, Gisela* (Hg.): Psychologische Aspekte des sozio-politischen Wandels in Ostdeutschland. Gesellschaften im Wandel, Bd. 2. Berlin: de Gruyter 1994, S. 77–93.

Schnell, Rainer: Der Einfluß gefälschter Interviews auf Survey-Ergebnisse. In: Zeitschrift für Soziologie 20, 1991a, S. 25–35.

Schnell, Rainer: Wer ist das Volk? Zur faktischen Grundgesamtheit bei allgemeinen Bevölkerungsumfragen. In: Kölner Zeitschrift für Soziologie und Sozialpsychologie 1, 1991b, S. 106–137.

Schnell, Rainer: Homogenität sozialer Kategorien als Voraussetzung für „Repräsentativität" und Gewichtungsverfahren. In: Zeitschrift für Soziologie 22, 1, 1993, S. 16–32.

Schnell, Rainer: Nonresponse in Bevölkerungsumfragen. Ausmaß, Entwicklung und Ursachen. Opladen: Leske und Budrich 1997.

Schnell, Rainer; Hill, Paul B; Esser, Elke: Methoden der empirischen Sozialforschung. München: Oldenbourg Verlag 1995, 5. Auflage.

Schwarz, Norbert: Assessing Frequency Reports of Mundane Behaviors: Contributions of Cognitive Psychology to Questionnaire Construction. In: *Hendrick, Clyde; Clark, Margaret S.* (Hg.): Research Methods in Personality and Social Psychology. Beverly Hills: Sage 1990, S. 89–115.

Schwarz, Norbert: In welcher Reihenfolge fragen? Kontexteffekte in standardisierten Befragungen. ZUMA-Arbeitsbericht 91/16. Mannheim: ZUMA 1991.

Schwarz, Norbert; Herbert Bless: Assimilation and Contrast Effects in Attitude Measurement: An Inclusion/Exclusion Model. In: Advances in Consumer Research 19, 1992, S. 72–77.

Schwarz, Norbert; Hippler, Hans-Jürgen; Deutsch, Brigitte; Strack, Fritz: Response Categories: Effects on Behavioral Reports and Comparative Judgements. In: Public Opinion Quarterly 49, 1985, S. 388–395.

Schwarz, Norbert; Hippler, Hans-Jürgen; Noelle-Neumann, Elisabeth; Münkel, Thomas: Response Order Effects in Long Lists: Primacy, Recency, and Asymmetric Contrast Effects. ZUMA-Arbeitsbericht 89/18. Mannheim: ZUMA 1989.

Schwarz, Norbert; Strack, Fritz: The Survey Interview and the Logic of Conversation: Implications for Questionnaire Construction. ZUMA-Arbeitsbericht 88/03. Mannheim: ZUMA 1988.

Schwarz, Norbert; Sudman, Seymour (Hg.): Answering Questions. Methodology for Determining Cognitive and Communicative Processes in Survey Research. San Francisco: Jossey-Bass 1996.

Sellitz, Claire; Jahoda, Marie; Deutsch, Morton; Cook, Stuart W.: Research Methods in Social Relations. New York: Henry Holt 1959.

Shavit, Yossi; Müller, Walter u.a.: Vocational Education and the Transition of Men from School to Work in Israel, Italy and Germany. Paper prepared for presentation at the ESF Network on Transitions in Youth Workshop; 16-19 Sept. 1994. Seelisberg, Schweiz 1994.

Slocum, Walter L.; Empey, La Mar T.; Swanson, H. S.: Increasing Response to Questionnaires and Structured Interviews. In: American Sociological Review 21, 1956, S. 221–225.

Spindler, Jutta: Frauenerwerbstätigkeit in den neuen und alten Bundesländern. Eine theoretische Analyse und ein empirischer Vergleich. Diplomarbeit. Duisburg 1993.

Stadtler, Klaus: Die Skalierung in der empirischen Forschung. München: Infratest-Forschung 1983.

Statistisches Bundesamt: Demographische Standards. Eine gemeinsame Empfehlung des Arbeitskreises Deutscher Marktforschungsinstitute (ADM), der Arbeitsgemeinschaft Sozialwissenschaftlicher Institute (ASI) und des Statistischen Bundesamtes. Wiesbaden: Statistisches Bundesamt 1995.

Statistisches Bundesamt: Pretest und Weiterentwicklung von Fragebogen. Band 9 der Schriftenreihe Spektrum Bundesstatistik. Wiesbaden: Statistisches Bundesamt 1996.

Statistisches Bundesamt: Demographische Standards. Eine gemeinsame Empfehlung des Arbeitskreises Deutscher Markt- und Sozialforschungsinstitute e.V. (ADM), der Arbeitsgemeinschaft Sozialwissenschaftlicher Institute e.V. (ASI) und des Statistischen Bundesamtes. Wiesbaden: Statistisches Bundesamt 1999.

Strack, Fritz; Martin, Leonard L.: Thinking, Judging, and Communicating: A Process Account of Context Effects in Attitude Surveys. In: *Hippler, Hans-Jürgen; Schwarz, Norbert; Sudman, Seymour* (Hg.): Social Information Processing and Survey Methodology. New York: Springer 1987, S. 123–148.

Strobel, Karl: Die Anwendbarkeit der Telefonumfrage in der Marktforschung. Frankfurt am Main, Bern, New York: Peter Lang 1983.

Sudman, Seymour: New Uses of Telephone Methods in Survey Research. In: Journal of Marketing Research 3, 1966, S. 163–167.

Sudman, Seymour; Bradburn, Norman M.: Asking Questions. San Francisco: Jossey-Bass 1983.

Sudman, Seymour; Bradburn, Norman M.; Schwarz, Norbert: Thinking About Answers. The Application of Cognitive Processes to Survey Methodology. San Francisco: Jossey-Bass 1996.

Terwey, Michael: Weltanschauliche Selbstbestimmung und Einstellungen zu sozialer Ungleichheit: Unterschiede im Deutschen Post-Sozialismus? In: *Sahner, Heinz; Schwendtner, Stefan* (Hg.): 27. Kongreß der Deutschen Gesellschaft für Soziologie. Gesellschaften im Umbruch. Sektionen und Arbeitsgruppen. Opladen: Westdeutscher Verlag 1995a, S. 674–679.

Topf, Richard; Mohler, Peter Ph.; Heath, Anthony; Trometer, Reiner: Nationalstolz in Großbritannien und der Bundesrepublik Deutschland. In: *Müller, Walter; Mohler, Peter Ph.; Erbslöh, Barbara; Wasmer, Martina* (Hg.): Blickpunkt Gesellschaft. Einstellungen und Verhalten der Bundesbürger. Opladen: Westdeutscher Verlag 1990, S. 172–109.

Trometer, Reiner: Zur Durchführbarkeit von Allgemeinen Bevölkerungsumfragen als telefonische Befragung: Eine Analyse am Beispiel des ALLBUS 1988. In: ZUMA-NACHRICHTEN 26. Mannheim: ZUMA 1990, S. 72–76.

Trometer, Reiner: Bereitschaft zu regionaler Mobilität. In: Statistisches Bundesamt (Hg.): Datenreport 1992. Zahlen und Fakten über die Bundesrepublik Deutschland. Wiesbaden: Statistisches Bundesamt 1992, S. 624–628.

Trometer, Reiner; Mohler, Peter Ph.: Krise der Politik oder Krise der Demokratie? In: *Braun, Michael; Mohler, Peter Ph.* (Hg.): Blickpunkt Gesellschaft 3. Einstellungen und Verhalten der Bundesbürger. Opladen: Westdeutscher Verlag 1994, S. 19–40.

Von der Heyde, Christian: Qualitätsmaße und Qualitätskosten. Mannheim: ZUMA, unveröffentlichtes Vortragsmanuskript 1998.

Wagner, Joachim: PC-gestützte Lehrveranstaltung zur empirischen Arbeitsmarktforschung mit ALLBUS-Daten. In: ZA-Information 36, 1995, 57–60.

Wagner, Gert; Schupp, Jürgen; Rendtel, Ulrich: Das Sozio-ökonomische Panel (SOEP) – Methoden der Datenproduktion und –aufbereitung im Längsschnitt. In: Deutsche Forschungsgemeinschaft, Mikroanalytische Grundlagen der Gesellschaftspolitik. Band 2: Erhebungsverfahren, Analysemethoden und Mikrosimulation. Berlin: Akademie Verlag 1994, S. 70–112.

Wegener, Bernd: Methodenstudie zur internationalen Vergleichbarkeit von Einstellungsskalen in der Allgemeinen Bevölkerungsumfrage der Sozialwissenschaften (ALLBUS). Mannheim: ZUMA 1983.

Wiegand, Erich: Aussiedler aus Osteuropa weniger gern gesehen. In: Informationsdienst Soziale Indikatoren (ISI) 5. Mannheim: ZUMA 1991, S. 10–14.

Wiegand, Erich: Steigendes Scheidungsrisiko in Ost und West. Zur Entwicklung der Ehestabilität in Deutschland. In: Informationsdienst Soziale Indikatoren (ISI) 8. Mannheim: ZUMA 1992, S. 11–14.

Wiehn, Erhard R.: Soziale Schichtung. In: *Wiehn, Erhard R.; Mayer, Karl Ulrich:* Soziale Schichtung und Mobilität. Eine kritische Einführung. München: C.H. Beck 1975, S. 9–121.

Wolf, Christof: Egozentrierte Netzwerke. Datenorganisation und Datenanalyse. In: ZA-Information 32, 1993, S. 72–94.

Wüst, Andreas M.: Die Allgemeine Bevölkerungsumfrage der Sozialwissenschaften als Telefonumfrage. ZUMA-Arbeitsbericht 98/04. Mannheim: ZUMA 1998.

Zapf, Wolfgang: Gesellschaftliche Dauerbeobachtung und aktive Politik. In: *Krupp, Hans-Jürgen; Zapf, Wolfgang:* Sozialpolitik und Sozialberichterstattung. Frankfurt und New York: Campus 1977, S. 210–230.

Ziegler, Rolf; Hinz, Thomas: Interesse und Bereitschaft zu beruflicher Selbständigkeit in Ost- und Westdeutschland. In: *Mohler, Peter Ph.; Bandilla, Wolfgang* (Hg.): Blickpunkt Gesellschaft 2. Einstellungen und Verhalten der Bundesbürger in Ost und West. Opladen: Westdeutscher Verlag 1992, S. 83–108.

Sachregister